한 달은 짧고
일 년은＿길어서

레나의 스페인 반년살이

글·그림 레나

KB140289

한 달은 짧고
일 년은 길어서

Prologue

2015년. 나는 다니던 회사를 그만두고 집을 나섰다.

여행으로 위장한 해외살이. 해외살이로 위장한 여행. 그 어느 쪽이라도 상관없었다. 어쨌든 나는 집을 나섰고, 생전 처음 보는 사람들과 친구가 되었고, 매일 맞이하는 똑같은 하루의 모습을 완벽히 새롭게 바꾸었다.

누군가는 퇴사 후 여행을 하며 인생이 바뀌었다고 말한다. 여행 유튜버가 되기도 하고, 작가가 되거나 어딘가의 소속에서 벗어나 자신의 사업을 시작하는 사람도 있다.

나는 어땠냐고?

약 반 년간의 해외살이를 끝내고 돌아온 뒤 나는 정확히 내가 일하던 업계로 돌아가 다시 취업을 했다. 긴 여행 후에도 여전히 고민은 계속되었고 일상은 조용히 제자리를 찾았다.

너는 변화를 꿈꾸지 않았느냐고 누군가 물어볼지도 모르겠다. 나 역시 변화를 꿈꾸었다. 하지만 그 변화가 무엇일지 전혀 규정하지 않은 채 우선 떠나고, 그 나라의 언어를 배우자는 계획만이 있었다. 그리고 그것들을 실행하고 충실히 그렇게 살았다.

되돌아보면 그것은 무엇을 이루는 과정이 아니었다. 온전히 나로서 존재하는 시간이었다. 소속된 회사도, 직업의 타이틀도, 무엇을 해야 한다는 의무감도 갖고 있지 않았다. 심지어 나이에 대해서도 그렇게 민감하지 않은 나라에서 하루하루 밥 해 먹고, 그날 무엇을 할지에 집중하는 시간들이었다. 도피라고 말한다면 그것도 맞다. 길을 잃었다고 한다면 그것도 괜찮았다. 그저 하루하루 나로 지내는 게 좋았다.
그렇다고 늘 행복한 날들은 아니었다. 하지만 이 기간이 영원하지 않으리란 걸 알았기에 그저 매일 재미있게 보내고 무엇인가를 하자는 생각을 놓지 않았다.

특별한 변화가 없을 거라면 왜 삶의 리스크를 지고 떠나야 하냐고?

변화는 결과물일 뿐이다. 중요한 것은 변화를 위한 노력을 멈추지 않는 데 있지 않을까. 무엇인가에 도전하는 삶, 익숙한 곳을 벗어나고 집을 떠나 낯선 곳에서 오롯이 나를 마주하는 삶, 외롭고 쓸쓸하지만 혼자 여행하는 삶. 이 과정 속에서 나는 조금씩이지만 성장했다고 믿어 의심치 않는다.

인생을 바꿀 변화가 없다 한들 뭐 어떤가. 우리에게는 가슴이 두근거리는 일을 하고, 익숙하지 않은 곳에서 길을 잃을 자유가 있다.

뒤늦게 나는 그때의 경험들을 글로 옮겨 보기로 했다. 시간이 많이 흐른 터라 기억들 간의 공백을 메우는 것이 쉽지 만은 않았다. 하지만 그렇게 불가능한 것도 아니었다. 모든 기억들은 내 머릿속 어딘가에 있어서, 서랍을 열고 그것을 찾아가는 과정이 코로나로 발이 묶인 이 시기에 또 다른 여행을 다니는 것 같은 기분을 느끼게 해주었다.

나의 경험을 글로 쓰며 바랐던 것은 여행하는 즐거움과 기쁨을 다른 사람들에게 공유하는 것이다. 그리고 누군가에게 미약하나마 떠날 수 있는 작은 용기를 건네는 글이 되길 바라며 이 글을 적어 나갔다. 물론 스스로의 경험을 기록으로 남기는 것에 가장 큰 의의를 두었다는 걸 숨기지는 않겠다.

그리고 이제 당신의 차례다. 익숙한 곳에서 벗어나 당신이 설 자리를 찾을. 그리고 그사이에 우리는 얼마든지 길을 잃어도 좋다는 걸 마음껏 느끼길.

세상은 한 권의 책이다.
여행하지 않는 사람은 책의 한 페이지만 읽은 것이다.

- 성아우구스티누스

등장인물

레나Llena

패션 브랜드 MD이자 집콕러버. 하지만 가끔 멀리 바다 건너 여행을 다녀온다.
시간 강박증을 갖고 있는 것에 반해 주변에 지각러들을 끌어모으는 힘이 탁월해
평생 남을 기다리는 삶을 면치 못하는 중. 쉽게 쫄리는 편이지만 나름 포커페이
스로 아무 일도 없었던 양 여기저기 나홀로 여행을 즐긴다.

마르타Marta

반려묘 토마사와 함께 대부분의 시간을 집에서 보내며 뭐든 집에서 다 해내는 스
페인 대표 집순이. 그림 좀 그리는 언니로 일러스트레이터로 활동하다 현재는 어
린이 그림책 작가로 활동 중.

시모나Simona

밤 9시 전에는 만나기 힘들뿐더러, 힘들게 약속을 잡아도 쉽게 약속시간쯤은 어
겨주는 프로 지각러. 이탈리아 동남부의 레체Lecce 출신으로 스페인에 온 지 일주
일 만에 스페인사람들과 유창하게 대화를 나눠 스페인어를 속성 마스터한 수재인
줄 알았는데 원래 이탈리아어와 스페인어가 비슷하다는 건 안비밀.

글래디스Gladys

적도 기니Equatorial Guinea 출신으로 스페인에서 살며 K-POP과 한국 문화를 좋아하는 덕후. 수줍음이 많은 것 같아도 노래와 춤은 프로. 현재 스페인에서 가수로 활동 중.

케빈Kevin

글래디스와 세트. K-POP과 한국 문화를 좋아하는 덕후2. 콜럼비아가 아닌 콜롬비아 출신.

벤Ben

독일 브레멘 출신. 독어, 영어, 스페인어를 완벽하게 구사하는 바이링구얼. 스페인어에 까막눈인 필자를 위해 통번역을 해주어 감동적이었던 첫 만남과 달리 돌직구 화법으로 종종 당황하게 하는 감동 파괴남. (예시 : 대화할 때 좌우로 몸을 흔드는 습관이 있는 나를 보고 "레나, 오줌 마려워?"라고 묻는 예의바른 녀석.)

로씨오 Rocio

될 성싶은 나무는 떡잎부터 알아본다더니, 우리 중 스페인어를 제일 잘하더니만은 국내 굴지의 대기업 스페인 현지법인에 취업한 브레인. 하지만 모로코 베르베르인 들에게는 사기당하고 돌아온 순수녀. 한국 이름 놔두고 왜 스페인 이름을 쓰나 했는데, 스페인사람들에게 발음이 불가능한 이름이었음. 본명은 신서경.

서여사

소비왕. 흥정왕. 심지어 먹는 것도 잘 먹는 식욕왕. 이미 20대에 전세계 40여 개 국을 여행한 여행왕이기도 함. 스페인 2개월살이를 마치고 멕시코와 과테말라를 떠돌며 스페인어를 마저 배워 오더니, 지금은 스페인어로 유튜브 채널까지 운영 중인 크리에이터.

토마사 Tomasa

마르타 집에 오기 전까지 어떤 삶을 살았는지 알려진 바 없는 검은 고양이. 수줍은 개냥이로 사람들이 모여 있을 땐 모습을 드러내지 않지만 마르타의 집에서 일어나는 모든 특별한 순간에 뒤로 돌아보면 어느새 나타나있는 진정한 오지랖냥.

목차

Chapter 1. 길을 잃기로 하다

발렌시아

벨기에

발렌시아

Chapter 2. 한여름 속으로

발렌시아

이탈리아

Chapter 3. 또 다른 세계로

발렌시아

Chapter 1

길을 잃기로 하다

프로 지각러와의 만남

도착한 지 얼마 안 된 '발렌시아' 생활은 설렘 대비 지루하기 짝이 없었다. 이 도시에 재미난 일은 없는 것인가.

카우치서핑Couch Surfing[1]이란 웹사이트가 있다. 숙박이 필요한 여행자와 자기 집의 남는 방이나 소파를 제공하는 현지인을 연결해주는 곳이다. 여행자들이 많다 보니 개중에는 꼭 숙소를 구하는 게 아니더라도 여행자들의 모임, 즉 밋업Meet Up을 만드는 사람들이 있었다. '스페인 발렌시아'로 검색하자, 일요일에 '발렌시아 역사박물관'에 함께 가보자는 모집글이 나왔다. 박물관도 가보고 사람들도 만날 겸 바로 신청하고 일요일을 기다렸다.

여느 때와 마찬가지로 약속시간 강박이 있던 나는 제시간보다 일찍 도착해서 박물관 앞에 서서 오가는 사람들을 구경하고 있었다. 그런데 만나기로 한 시간이 지나도 아무도 도착하지 않았다. 살짝 불안한 마음이 들었다. 10분쯤 기다리자 이 모임의 주최자인 벤Ben이 나타났다. 참고로 벤은 독일인이다. '너도 여기 사람이 다 된 거니?' 속으로 생각했다. 벤 역시 나를 보자마자 '아차차. 얘는 스페인애가 아니었지' 하는 기색이 얼굴에 드러났다.

---

1. 2020년 5월 14일 이후로 '카우치서핑'은 코로나 19의 영향으로 폐쇄 위기에 처했으며 현재 유료 회원에 한해 서비스 이용이 가능하다.

"네가 레나지? 난 벤이야."

"안녕, 벤. 만나서 반가워. 오늘 모임을 만들어줘서 고마워."

어떻게 인사할까 1초 정도 고민하다 무심결에 손을 내밀어 악수를 청했다. 벤은 악수하려고 내민 손을 잡아당기더니 베소Beso[2]를 했다. 살짝 마음이 설렜다. 사실 오늘 모임을 나오기 전에도 모집글을 종종 확인했다. 모임의 규모를 보고 나도 갈지 말지를 결정하기 위해서였다. 근데 모집글에 관심 있는 사람들이 보이지 않았다. 왠지 나만 신청을 한 것 같아서 규모가 너무나도 작았지만 차마 취소할 수가 없었다. 아닌 게 아니라 역시나 약속시간이 훌쩍 지나도록 벤과 나 말고는 아무도 모습을 드러내지 않았다.

"벤, 이제 더 이상 오는 사람은 없는 건가?"

"음… 한 명이 더 오기로 했는데… 지금 오고 있는 길인데 조금 늦는다고 했어. 조금만 더 기다리자."

벤과 박물관 앞에서 나란히 서있는 사이, 어디선가 잠자리 선글라스를 낀 여자가 나타났다. '발렌비씨Valenbisi'[3]라는 자전거를 타고 있었다. 우리 앞에 자전거를 멈춰 세운 그녀. 바로 시모나Simona였다.

"안녕. 늦어서 미안~ 자전거 좀 세우고 올게."

---

2. 스페인식 인사.
3. 발렌시아에서 운영하는 서울시의 따릉이 같은 존재.

　늦은 주제에 자전거를 주차하고 와야 하니 기다리라고 하는 그녀. 살짝 얄미웠다. 젠틀한 말투와 행동에 귀여운 얼굴을 가진 벤이랑 오붓하게 역사박물관을 둘러볼 수 있었던 기회를 깬 것도 한몫했다. 자전거를 주차하고 돌아온 시모나와 함께 셋은 역사박물관을 둘러보기 시작했다. 안타깝게도 역사박물관은 '까스테야노Castellano'라는 스페인 표준어와 '발렌시아노Valenciano'라는 지역어 두 가지로만 정보를 제공하고 있었다. 음… 영어가 없다니. 그때부터 까막눈이 되어야 했던 나. 스페인어를 꽤 하는 벤이 내 상황을 안타까워하며 옆에서 이것저것 알려주었다. 시모나는 억지로 끌려온 사람처럼 감흥 없다는 듯 박물관을 대충 훑어보는 것 같았다. 박물관에 별 관심 없는 이탈리아사람 1명과 스페인어에 까막눈인 한국사람 1명 그리고 그 둘을 챙겨야 하는 독일사람 1명. 박물관 관람이 제대로 이루어질 리 없었다. 1시간 정도 둘러보고 나와서 셋이 나란히 서있었다. 밖으로 나와 밝은 빛에 노출되자 조금 어색해졌다.

　박물관은 도심부에서 걸어서 30분 거리에 있었다. 우리는 뚜리아Turia

라는 흙으로 메워진 커다란 강변지금은 공원 및 산책로로 쓰임을 따라 도심부로 향했다. 벤과 시모나는 만난 지 얼마 안 된 사이인데 어찌나 투닥거리던지, 말이 빠른 이탈리아 여자와 철통수비인 독일인 남자 사이에서 나는 좀체 끼어들 틈을 찾지 못했다. 그러는 사이 도심부에 도착했고 벤은 그날 새로 들어갈 집을 알아봐야 돼서 이만 가야 한다며 떠났다. 벤이 사라지자, 순식간에 분위기가 어색해졌다. 시모나는 그제야 나의 존재를 안 것처럼 질문을 하기 시작했다. 그래도 한번 이야기를 시작하니 대화도 잘 통하고 아까 투닥거릴 때 보이던 까칠함도 많이 진정되어 있었다. 한 10분 이상을 더 걸었을까. 슬슬 배가 고파졌다.

"시모나, 나랑 점심 먹을래?"

시모나는 살짝 당황한 기색이었다.

"아… 그래. 간단히 먹을 곳을 찾아보자."

어딜 가도 햇볕이 잘 드는 스페인이었지만, 유난히 볕이 잘 드는 카페 야외 테이블에 앉았다. 시모나는 카페에 들어가기 전 메뉴를 신경 쓰는 눈치였다. 그녀는 베지테리언이었다. 그리고 동물복지 개선에도 관심이 많은 사람이었다. 둘이 나란히 앉아 메뉴를 고르고 대화를 이어갔다.

"너 그거 알아? 이런 카페는 관광객들이 많이 오는 곳이라 가격이 비싸. 맛은 두고 봐야겠지만."

"내가 마시는 커피를 보며 레나, 그 커피 어때? 맛있어? 난 스페인에서 커피는 안 마셔. 이태리 커피가 훨씬 맛있거든."

어디서 이렇게 까다로운 애가 내 앞에 나타난 거지? 맛도, 금액도 그렇게 신경 쓰지 않는 나에게 시모나의 허들은 높았다. 식사를 마칠 무렵 시모나는 한 가지 제안을 했다.

"레나, 네가 오면 좋은 모임이 있어. 발렌시아 언어교환 모임이야. 오늘 저녁 7시에 시작하는데 너도 올래? 발렌시아 현지인들도 오고, 외국인들도 많이 참여해서 네가 여기에 아는 사람이 없다면 좋은 기회가 될 거야."

언어교환 모임이라. 귀가 솔깃해진 나는 알겠다고 했다. 그리고 저녁 6시경. 시모나에게 메시지를 보냈다.

"오늘 7시 시작이랬지?"
"응, 근데 난 좀 늦게 갈 거야."
"몇 시에 올 건데?"
"9시쯤?"
"9시?? 그래, 나도 그때 맞춰서 갈게!"

그땐 몰랐다. 시모나의 저녁 약속 디폴트 값이 9시인 줄은. 그리고 그날 아침 지각이 앞으로 그녀와의 모든 만남이 제시간에 이루어지지 않을 거라는 하나의 예고편이었음을.

우리는 모두 어딘가의 현지인이며, 어딘가의 외국인이다

"인떼르깜비오에 왔어?"

사람들로 가득 찬 한 술집에서 어쩔 줄 모르며 눈만 껌뻑이는 나에게 갑자기 누가 말을 걸었다. 돌아보니 한 인도인이 내 앞에 서있었다. 그를 보자마자 인도인이라 생각한 것은 철저히 나의 편견이었지만 편견이 들어맞는 순간이기도 했다.

그렇다고 말하자 스페인식 인사 '베소'를 한다. 베소는 프랑스의 '비쥬'처럼 양 볼을 맞대는 식의 인사인데 내가 만나본 이 나라 사람들 중 일부는 진짜 쪽쪽 소리 나게 뽀뽀를 하곤 했다. 덕분에 가끔 손으로 볼을 닦아야 할 때도 있었다. 그 인도인은 왜 그런 습관이 들었는지 모르겠지만 마치 이곳에 오래 산 것처럼 쪽쪽 소리를 내며 인사를 했다.

이곳에서 저녁 9시에 만나자고 한 시모나에게 문자를 보냈다.

[시모나. 나, 여기 도착했어. 넌 어디쯤이야?]
[나도 이제 나가고 있어. 30분은 걸릴 거야. 안에 먼저 들어가서 사람들하고 이야기 나누고 있어~]

나는 약속시간을 지키는 것에 일종의 강박을 갖고 있는 사람이다. 그리고 이 먼 나라에서 만난 대부분의 사람들은 오히려 약속시간을 안 지키는 것에 강박이 있는 것처럼 다들 한 번을 제시간에 나오지 않았다. 일단 꾹 참았다. 알았으니 천천히 오라고 답장을 보냈다. 그래도 '5분 뒤에 도착~'이라고 해놓고 5분 뒤에 다시 또 '5분 뒤에 도착~'을 반복하며 30분을 끄느니 '헉!스러운' 임팩트는 있지만 한번에 통보받는 쪽이 낫긴 했다. 굳이 따지자면 말이다.

여길 찾아오는 것도 나에게는 큰 용기가 필요했다. 처음 보는 낯선 거리를 잰걸음으로 빠르게 지나쳤다. 주위를 둘러볼 여력도 없고, 이국땅의 거리가 어떤지 시선을 둘 생각이 들지도 않았다. 걷다 보면 한두 명쯤 마주칠 법도 한데 아예 텅 비어 있는 거리는 아무도 없어 무서웠고, 그러다 어정쩡하게 사람들과 마주칠 때는 이상한 사람이 아닐까 괜스레 마음이 불안했다.

약속한 장소에 가까워져 오자 하나둘 술집들이 나오고, 아까보다 더 많은 사람들이 보이기 시작했다. 가까스로 도착한 약속장소는 정말 빼곡하다 싶을 정도로 사람이 많았다. 혼자 들어가기에는 뻘쭘하기도 하고, 너무나 많은 외국인들 수에 압도당해버렸다. 물론 이곳에서 진정한 외국인은 '꼬레아나'[4]인 바로 나였겠지만 말이다.

용기를 내서 술집 안으로 들어갔다. 동양인이라고는 나밖에 없어서 그런지 괜히 시선이 집중되는 것 같았지만 사실은 그렇지 않았으리라. 그리고 이곳에는 나와 같은 국적을 가진 사람이 없었을 뿐, 스페인을 외국으로 둔 또 다른 수많은 외국인이 있었다. 여기서 열리는 모임은 바로 발렌시아 인떼르깜비오 Valencia Intercambio de Idiomas, 즉 '발렌시아 언어교환'이라

---

4. Coreana: 스페인어로 한국인(여성명사)을 의미.

는 모임이었다. 발렌시아 현지 사람들과 외국인들이 모여 각자 원하는 언어의 테이블에 앉아 이야기를 나누는 것이다.

스페인 발렌시아는 에라스뮈스^{Erasmus}라는 유럽 내 대학의 교환학생들이 많이 찾는 도시 중 하나였고, 작은 도시지만 외국인이 살기에 물가나 치안적인 측면에서 좋은 편이었기에 많은 외국인들이 들어오는 곳이다. 명목상 '언어교환'이지 새로운 도시에 오게 된 사람들에게 새로운 인연을 만나게 해주려는 목적이 더 커 보였다. 시모나는 나에게 이 모임이 앞으로 스페인 생활에 도움이 될 거라고 했다.

방금 전 나에게 말을 걸어준 인도인의 이름은 '니니'였다. 니니는 "스페인어? 영어?"라고 짧게 질문했다. 어떤 언어를 쓰는 테이블에 갈지를 묻는 것인데 스페인에 어학연수를 왔지만, 당시 난 알파벳 읽는 법부터 공부하고 있었다. "잉글리쉬, 플리즈~"라고 하자 테이블로 안내해주었다.

그 테이블에는 네다섯 명의 사람이 앉아있었다. 어색하게 인사를 하고 조용히 앉아있는데 그들의 시선이 예사롭지 않게 느껴졌다. 엄청 반짝이는 눈빛으로 나를 보고 있는 느낌. 의도를 알 수 없는, 하지만 '나 너에게 관심 있어'라는 의미가 명백한 눈길을 받으며 어색하게 있는 사이 시모나가 도착했다. 약속시간보다 늦게 와서 나를 이런 숨 막히는 어색함 속에 홀로 있게 만든 장본인인 동시에 날 구해줄 유일한 사람. 물론 그때까지는 시모나를 그렇게 생각하진 않았다. 그저 얼굴이라도 한 번 더 본 그녀라도 온 게 반가울 뿐이었다. 시모나와 나는 맥주를 한 잔 시켰고 짧은 인사를 다시 나누었다. 그러고 나자 시모나가 생각지도 못한 '진행병'으로 그 테이블의 사람들과 소통하기 시작했다. 그것도 스페인어로.

시모나는 레체^{Lecce}라는 이탈리아 동남부 도시에서 왔다. 나보다 일주일 앞서 발렌시아에 온 대학원생 '에라스뮈스'였다. 당시 남부 유럽 그러니까 스페인과 이탈리아 남부 그리고 그리스 지역의 경제 위기가 심각했고, 그리스는 유럽연합에서 탈퇴하기 일보 직전의 길을 걷고 있었다. 계속된 경제 위기에 실업난이 이어져서 시모나도 대학교를 졸업하고 어쩔 수 없이 대학원에 진학했다고 했다. 유럽은 학생 신분으로 머무르는 편이 혜택을 받기에 더 유리한 모양이었다.

시모나는 스페인어를 배웠던 것도 아닌데 도착한 지 일주일만에 이미 현지인들과 대화하고 있었다. 갑자기 이곳까지 스페인어를 배우러 온 게 서러웠다. 서울 사람이 부산 사투리 배우듯이 일단 들으면 거의 대부분 알아듣고, 어색하게나마 술술 대화가 통하는 그녀를 보며 세상천지 어디를 가도 북한 말고는 같은 언어는커녕 비슷한 말도 안 쓰는 한국어가 원망스러워졌다. 하지만 한편으론 그녀가 그렇게 해줘서 고맙기도 했다. 거짓말처럼 어색함이 사라지고 있었기 때문이다.

돌연 시모나가 사람들에게 "한국어 배우고 싶은 사람!?"이라고 물어봤다. 약간의 민망함에 "시모나, 여기에 한국어에 관심 있는 사람이 있을 리 없잖아~"라고 말하며 고개를 돌리자, 아까 유독 나를 향해 반짝이는 눈빛을 보낸 두 사람이 손을 들고 있었다.

'응? 이것은 무슨 상황이지?'

난 연예기획사 관계자가 아니야

"너, 걔네 알아?"
"알지~ 근데, 그들은 나에 대해 몰라."

갑자기 한국 연예인, 그중에서도 아이돌 그룹명이 내 귀에 박혀 왔다. 나를 향해 눈을 반짝이던 둘은 본인들이 관심 있는 아이돌 그룹을 알고 있는지 물어보기 시작했다. 사실은 자기들이 좋아한다는 사실을 알리고 싶어서였겠지만. 혹시 나 오해할까 싶어 굳이 마지막에 나만 그들을 알고, 그들은 나를 모른다고 철벽을 쳤다. 한국인이면 누구나 알 만한 가수들의 이름을 대며 아냐고 묻길래, 이들의 '안다'는 의미가 정말 개인적으로 알고 있는지 묻는 것일까 싶은 나의 오지랖이자 약간의 개그였다. 그러자 인떼르깜비오에서 만난 두 사람은 아이처럼 '까르르' 웃어댔다.

글래디스Gladys와 케빈Kevin. 그들은 한국 아이돌이라면 모르는 게 없는 오타쿠들이었다. 특히 글래디스는 K-POP뿐만 아니라 한국 문화에도 관심이 많았다. 발렌시아에 유일하게 존재하는 한국어학원을 다니며 한국어를 공부하고 있다고 했다.

한국어 배우고 싶은 사람 있냐는 시모나의 저돌적인 질문에 손을 든 사람이 진짜로 나타나자, 그녀도 짐짓 놀란 것 같았지만 이내 뿌듯함과 약간의 자만감이 섞인 눈빛으로 나를 쳐다보았다. 그 눈빛은 '거봐. 한국어를 배우고 싶은 사람들이 있잖아!'라고 말하고 있었고, 나도 대답으로 '그래. 니 말이 맞았어'라는 눈빛을 보내주었다.

글래디스는 '적도기니', 케빈은 '콜롬비아' 출신이었다. 두 사람 다 스페인어권 국가에서 태어나고 자랐고, 청소년기에 스페인으로 이주하여 발렌시아에 정착했다고 한다.

살면서 들어본 적 있는가, 스페인의 유명 아이돌 그룹? 6개월이나 스페인에서 지낸 나도 아이돌은커녕 당시 가장 잘나가는 스페인 가수가 누구인지도 들어본 적이 없었다. 그들의 입에 오르내리는 셀럽은 축구선수가 유일했다! 그만큼 스페인은 미국이나 영국 혹은 라틴 아메리카의 엔터테인먼트 산업에 의존도가 높은 국가였다. 지금이야 BTS가 전세계를 호령한다지만, 글래디스와 케빈 그 둘이 한국 문화에 관심을 갖게 된 이유는 무엇이었을까? 내가 볼 때 이들은 단순한 아이돌 덕후만은 아니었다. 두 사람의 넘치는 끼와 흥을 스페인의 엔터테인먼트 산업이 다 받아주지 못해 K-POP까지 흘러온 것 같았다!

우리의 만남은 이후로도 몇 차례 더 이어졌다. 모임이 끝나면 으레 글래디스와 케빈은 어차피 가는 길이라며 나를 집에 데려다주고 가는 일이 잦았는데 그때마다 항상 나에게 '어떤 노래'를 아냐며 스마트폰으로 음악을 틀곤 했다. 한국 가수의 노래였는데 처음에는 나에게 들려주고 싶어서 튼 것 같았지만 어느새 이들은 길거리에서 그 곡을 따라 부르다 못해 흥에 못 이겨 춤을 추기 시작했다. 영화 〈스텝업〉을 방불케 하는 격렬한 춤사위는 아니더라도, 항상 가무란 것은 어둡고 캄캄하고 밀폐된 공간에서 벌어지던 것에 익숙하던 내게 길거리에서 몸을 흔드는 이들의 넘치는 '흥'은 신세계나 다름없었다.

그날 밤, 나는 아이돌 기획사의 관계자가 된 것마냥 한국의 아이돌에 대해 수많은 질문 세례를 받았고, 또 대답을 했다. 물론 대부분의 대답은 '모른다'에 그쳤다. 그런 아쉬운 상황에서도 글래디스와 케빈은 시종일관 눈을 반짝이며 나를 쳐다보고 있었다. 이미 늦은 시간에 조인했던 터라 12시가 채 되지 않은 시간임에도 마음이 조급해졌다. 시모나도 피곤했는지 그만 돌아가자고 했다. 글래디스와 케빈도 우리가 일어나자 같이 자리에서 일어났다. 작별인사를 나누고 서로의 SNS 아이디를 공유한 뒤 다시 길을 나섰다.

어쩐지 돌아가는 길은 처음 올 때보다 마음이 덜 불안했는데, 이 낯선 땅에 그래도 연락할 수 있는 사람이 단 몇 명이라도 늘어난 것 때문이었다. 다시 빠른 걸음으로 집에 오자 케빈에게서 연락이 왔다. 잘 도착했는지 확인차 연락했다고 했다. 시모나도 은근 걱정됐는지 메시지가 와있었다.

드디어 발렌시아에 친구가 생겼다.

외국인 얼굴은 왜 다 비슷한 거야?

며칠 뒤, 시모나의 또 다른 제안으로 '발렌시아의 외국인모임'에 가기로 했다. 언어교환 모임이랑 이름만 달랐지 스페인 현지인과 여행 혹은 다른 이유로 스페인에 오게 된 외국인들을 연결해주는 모임이었다. 어김없이 그날도 시모나는 9시경에 나올 것이라는 출사표를 던지고는 10시쯤 모임이 있는 바에 도착했다. '그래, 뭐 이제 놀라울 거 없잖아' 불과 며칠 사이에 라틴의 시간에 적응한 스스로에게 뿌듯함마저 느껴졌다.

여러 사람들이 주변을 오가는 와중에 어떤 남자가 내 옆으로 와서 앉았다. 시모나를 제외하고는 모두가 초면이었기에 거의 자판기 수준으로 옆에 누군가 앉으면 "안녕~ 만나서 반가워. 어디에서 왔어?"를 물어보고 있던 나는 그 남자에게도 똑같은 질문을 했다. 순간, 그의 표정이 일그러졌다.

'스페인 현지 사람한테 어디서 왔냐고 해서 그런 건가? 아니면 영어를 할 줄 모르나. 왜 저런 표정을 짓는 거지?'

어찌할 바를 모르는 나를 두고 그 남자가 말했다.

"난 독일에서 왔어. 레나, 넌 한국에서 왔고."

'헉… 이 사람 뭔데 내 이름도 알고, 내 국적까지 아는 거지? 아까 나랑 말한 사람이었나? 이렇게 생긴 사람을 오늘 내가 만났던가? 근데 어디선가 본 것 같기도 하고….'

머릿속이 바쁘게 움직였다.

그랬다. 그는 벤이었다.

귀엽네, 어쩌네 하더니 얼굴도 제대로 기억 못하고 있는 나 스스로에게 놀랐다. 생각보다 나는 서양인들의 얼굴을 잘 구분하지 못했다. 벤은 내 안에 뚫려있는 깊은 구멍을 확인이라도 한 듯, 그 뒤로 나를 엄청 편하고 막 대하기 시작했다. 역시 국적불문, 누군가의 허점이란 것은 사람과 사람의 장벽을 무너뜨리는 것인가 보다.

결국 벤과 시모나는 서로 투닥거리는 '티키타카'[5]의 케미를 발휘하는 사이로, 나는 그 둘 사이에서 똘똘하고 부지런하기로 유명하다는 아시아인의 대표 구멍이 되었다.

---

5. Tiqui-taca: 한국 예능이나 인터넷에서 빠르게 옥신각신 주고받는 대화를 이를 때 사용하는 '티키타카'는 사실 탁구공이 왔다갔다하는 모습을 뜻하는 스페인어.

내 이름이 스페인어로 '임신'이라고?

　스물두 살의 나는 어학연수차 뉴질랜드에 있었다. 홈스테이 가족이었던 브리짓은 당시 그녀의 남자친구 집에 나와 또 다른 홈스테이 학생인 일본인 케이타로를 초대했다. 브리짓은 가는 동안 그녀의 남자친구가 스페인사람이라고 얘기해 주었다. 평소 브리짓이 스페인어를 공부하고 라틴 음악과 음식에 빠져 있었던 이유가 있었던 셈이다. 물론 닭이 먼저인지, 달걀이 먼저인지는 알 수 없었다. 사실 당시의 내 짧은 영어로 물어볼 수가 없었다.

　브리짓의 남자친구는 우리를 반갑게 맞아주었다. 그가 내 이름을 물어보았을 때, 나는 자신 있는 목소리로 대답했다. 우리 모두 다음 센텐스 정도는 자다가 툭 쳐도 나오지 않던가?

　"마이 네임 이즈 '예나'. 나이스 투 밋유."

　그가 '예'도 아니고 '제'도 아닌 발음으로 "ㅇ졔나?"라고 되물었다.

　"예스. 마이 네임 이즈 예나."

그러자 그는 '예나'가 스페인어의 어떤 단어를 의미한다며 본인의 배 위에 손을 가져가더니 배가 부른 모양을 동작으로 보여주었다. 하지만 그 제스처가 너무나 강렬한 나머지 나는 제스처만으로 이렇게 오해를 하고 말았다.

"내 이름이 스페인어로는 '임신'이라는 뜻이라고??"

그렇게 나는 생애 첫 스페인어를 '안녕' 혹은 '사랑해' 혹은 '얼마예요? 깎아주세요~'가 아닌 내 이름으로 접하게 되었다!

물론 '예나'의 뜻을 '임신'이라고 알아들은 것은 엄청나게 큰 오해였다. 아니 제스처 오독이었다. "Llena"는 스페인어로 '가득한'이란 영어 'Full' 의 의미를 갖고 있다. 스페인 알파벳에는 영어엔 없는 LL더블 엘이 존재하는데, 그 발음이 영어 'Y'에 가까워서 LLE는 'YE', LLA는 'YA'로 발음한다. 그래서 LLENA는 'YENA', 즉 '예나'가 되는 것이다. '임신'보다는 많이 먹어 '배가 부르다'에 더 가까운 의미였다. 나는 무려 10년이 지나서야 그 오해를 풀 수 있었고, 내 이름의 스페인어 의미를 좋아하게 되었다.

'가득하다니…!'

남들 앞에서 이름을 말하거나 불릴 때마다, 마음 한구석부터 무엇인가가 차오르는 기분이 들었다. 그 뒤로 나는 내 이름 '예나'를 스페인어 식으로 "Llena"라고 적어 놓고 '레나'라 부르기 시작했다.

그렇게 '레나'는 나의 필명이자, SNS에서 활동하는 이름이 되었다.

우리는 모두 길에서 만난 사이

주말 오후였다. 스페인에 도착한 이후로 내가 매일 하는 일은, 구글맵을 켜고 무작정 내 주변에 무엇이 있는지 찾아보는 것이었다. 이날도 이리저리 손가락을 움직여 가며 지도를 들여다보다 집에서 그리 멀지 않은 곳에 발렌시아 국립 도자기 박물관이라는 곳을 발견했다. 단순히 화려하다고 표현하기엔 어딘가 그로테스크한 느낌의 외관 건물에 흥미가 생겨 집을 나섰다. 도자기 박물관은 스페인 어느 귀족의 대저택이었던 곳을 개조해서 지금의 박물관으로 만들었다고 한다. 사진상에서 받은 화려하면서도 그로테스크한 느낌은 왠지 흘러내리는 것처럼 보이던 건물외벽 장식 때문이었다. 실제로 가까이서 보니 사진보다 더 묘한 느낌이 들었다.

주말에는 어린이들을 위해 박물관의 가이드들이 중세시대 분장을 하고 박물관을 돌아다니며 전시 설명을 해 준다. 나도 어린이 보호자 중 한 사람인 것처럼 그들의 뒤를 따라다녔다. 하지만 누가 봐도 나는 그곳에 있는 어떤 어린이와도 혈연관계로 보이지는 않았을 것이 분명했다.

관람을 마치고 나서는데 뒤에서 한국어로 대화하는 소리가 들렸다. 스페인 그리고 내가 머물던 발렌시아에는 적지 않은 수의 한국인들이 있었지만 길거리에서 들리는 한국말에 나도 모르게 반사적으로 뒤를 돌아보고 말았다. 내 뒤에는 대학생 나이로 보이는 한 한국인 여성과 남성이 있었다. 사실 길에서 만난 사람과 아무렇지도 않게 대화를 나눌 정도의 '오지라퍼'는 아니지만 뒤를 돌아본 순간에 눈이 마주쳐서 어색하지만 어쩔 수 없이 인사를 나누게 됐다.

"한국인이시죠? 안녕하세요!"
"네!!!!!!! 스페인에는 언제 오셨어요?"

둘 중 한국인 여성은 상당히 텐션이 높았다. 두 사람 다 나처럼 발렌시아에 온 지 얼마 되지 않은 유학생들이었다. 원래는 간단히 인사만 하고 헤어지려는데 한국인 여성이 발렌시아에 있는 동안 또 보자며 SNS 아이디를 알려달라고 했다. 그녀의 엄청난 텐션과 친화력에 카톡 아이디를 알려주고 헤어졌다.

저녁이 되자 그녀로부터 메시지가 왔다. 그녀의 이름은 '로씨오Rocío'. 한국 이름 대신 스페인식 이름을 사용하고 있었다. 나보다 나이는 어린 친구였지만 붙임성이 좋고 말이 곧잘 통했다. 우리는 조만간 한 번 더 만나기로 했다. 그녀는 본인과 친한 한국인들 몇 명을 데려오겠다고 했다. 나도 학원에서 알게 된 한국인 친구들을 데려가기로 했다.

그렇게 성사된 발렌시아 한인모임. 지난 몇 주간은 걷지 못하는 갓난아기처럼 하고 싶은 말이 있어도 정확히 전달하지 못하고, 중요한 말이라도 하려면 미리미리 준비해 두었다가 읊어야 했던 날들의 연속이었다. 그러다 모국어를 사용하는 사람들을 만나게 되자, '난 걸을 순 없었지만 사실 내겐 날개가 있었어!'와 같은 상황이 연출되었다. 그 어떤 고민이나 대화거리도 주저 없이 말할 수 있고 알아들을 수 있음에 감사해하면서, 우리는 그날 각자의 한국어를 실컷 뽐내며 이야기 꽃을 피웠다.

그날 이후, 로씨오는 나의 스페인 생활에 빠질 수 없는 존재가 되어버렸다. 둘이 여기저기 붙어다니다 보니 만나는 사람들이 묻곤 한다.

"두 분은 어떻게 알게 되었어요?"
"저희는 길에서 만났어요."
"네??"

누군가에게 길에서 시작된 인연은 위험하고 불안하기 짝이 없을지도 모른다. 신원을 알 수 없는 사람, 어떤 과거를 가지고 있을지 모르는 사람이기 때문이다. 더 나아가서는 어떤 목적이나 의도를 가지고 나에게 접근했는지 의심스러울 수도 있다. 그리고 실제로 인연을 맺으면 안 되는 사람들이 있기도 하다. 이것은 나를 만나는 상대방에게도 마찬가지다. 하지만 한계를 정해 놓고 갖는 만남은 거기까지라고 생각한다. 우리에게는 더 많은, 좋은 인연을 자유롭게 만나고 맺을 기회와 자유가 있다.

로씨오와 알게 된 것은 운이 좋았다. 우리는 정말 좋은 친구가 되었다. 그리고 이럴 때 나는 희열을 느낀다. 그 어떤 정보도 없이 그 사람의 태도를 보고 기운을 느끼며 대화를 통해 나와 잘 맞고, 나를 잘 이해해 줄 수 있는 사람을 기대하지 않은 장소에서 우연히 만난다는 것. 길에서 돈을 줍는 것 이상의 어쩌면 그것과는 비교도 안 될 '행운'이리라.

내가 경험한 가장 흥미진진한 일은 누군가를 만나는 일이다.
우리가 받아들일 수 있는 한계가 곧 우리가 누리는 자유의 경계다.
– 타라 브랙

벨기에, 앤트워프로 향하다

5월의 앤트워프Antwerpen. 지금 생각해보면 어색하기 짝이 없는 풍경이다. 거리는 어딜 가도 사람들로 가득 찼고, 마스크 없이 사람들 틈을 헤치고 다녔다. 처음 본 낯선 사람과 이야기를 나누고, 벨기에에 왔으니 시메이Chimay6는 한잔해야지, 라며 언제든지 바Bar에 들어갈 수 있는 자유가 있었다. 그때는 그 누구도 그게 자유라고 생각하지 못했다. 그저 자연스럽기만 했으니까.

벨기에로 향하기 하루 전 나는 스페인에서 첫 이사(?)를 치러야 했다. 스페인에 도착한 지 4주가 흘러 학원에서 연결해준 숙소는 벨기에를 여행하는 사이에 계약기간이 끝날 예정이었다. 새로 구한 집에 양해를 구하고 미리 짐을 가져다 놓기로 했다. 벨기에에 가져갈 작은 캐리어에 여행에 필요한 짐을 꾸리고 나머지는 처음 왔을 때처럼 대형 캐리어에 차곡차곡 정리해서 택시에 싣고 새집에 도착했다. 내가 쓸 방은 아직 누군가 머물고 있어서 짐은 창고에 둔 채 여행용으로 싼 짐으로 하루를 보내게 되었다. 3박 4일의 여행이 4박 5일로 늘어난 기분이었다.

---

6. 1850년부터 '트라피스트' 수도회에서 수작업으로 제조하기 시작한 벨기에의 대표적인 맥주.

벨기에에서 머무를 숙소를 찾으면서 왠지 브뤼셀보다는 조금 덜 유명한 도시에 가고 싶다는 생각이 들었다. 어차피 벨기에는 그렇게 큰 나라가 아니었기에 기차나 메트로로 충분히 도시를 오갈 수 있기도 했다. 그래서 과감히 브뤼셀이 아닌 앤트워프에 에어비앤비Airbnb를 예약했다. 브뤼셀에서는 기차로 30분 정도 걸리는 거리였다.

여행 당일, 벨기에의 수도 브뤼셀을 거쳐 지체 없이 앤트워프에 도착했다. 예약해 둔 에어비앤비 집은 역 근처의 한산한 주택가에 위치한 덕에 쉽게 찾을 수 있었다. 호스트 재키가 반갑게 맞아주었다. 재키의 딸도 함께 인사를 했다. 8살 정도 돼 보이는 아이였는데 평생 써왔던 것마냥 영어에 익숙했고 여행객들에게 거리낌이 없었다. 재키는 나를 소파에 앉히고 차 한 잔과 와플을 내어주며 간단한 대화를 나누고 싶어했다. 시작은 어디에서 왔는지, 스페인에서는 무엇을 하는지 같은 걸 묻는 스몰토크였다. 그런데 그때였다.

"레나, 아이가 있어?"

훅 들어온 질문에 그만 당황하고 말았다. 우리나라였다면 보통 남자친구가 있냐, 결혼은 했냐, 애는 있냐의 순서로 이어지는 대화에서 가장 마지막 단계에서야 나오는 질문이었기 때문에, 항상 남자친구나 결혼 단계에서 질문이 멈추었던 나로서는 사실상 받아본 적이 없는 질문이었다.

"아니, 난 아직 결혼을 안 했어."
"사람의 몸은 결혼 여부와 상관없이 아이를 갖고 낳을 수 있게 돼 있어.

나도 결혼하지 않았지만 내게는 딸이 있어."

질문과는 다른 대답을 하자, 재키가 진지해져서 말했다. 재키의 말이
맞았다. 그 뒤로 나는 절대 자식의 유무와 결혼 여부를 엮지 않기로 했다.
하지만 맛있게 먹던 와플이 괜히 얹힌 것 같은 기분이 들었다. 갑자기 편
하게 앉아있던 소파도 어딘가 불편해졌다.

짧고 강렬한 대화를 마치고 재키는 내가 머물 방을 안내해주었다. 작
은 방이었지만 깔끔했고 바로 옆에는 욕실 겸 화장실이 있었다. 처음으
로 에어비앤비를 통해 찾은 숙소였기 때문에 긴장했던 마음이 조금 누그
러졌다. 벨기에는 생각보다 추운 날씨였기에 가지고 온 옷을 총동원해서
껴입고 밖으로 나갔다.

유럽에서 가장 아름답다는 기차역이자 앤트워프의 명소인 중앙역을 거
쳐 에스꼬 강변으로 이동했다. 에스꼬 강변 근처에는 앤트워프 시청이 있
다. 각 나라의 국기가 걸려있어 화려하면서도 아기자기한 디테일의 시청
앞은 콘서트장에 와있는 것처럼 사람들로 미어터졌다. 연휴를 맞아 유럽
내 많은 여행객들이 벨기에에 방문한 탓이었다. 너무 많은 인파 속에 있
으면 감각이 마비된 것처럼 뭘 보아도 제대로 본 것 같지 않는 법이다. 군
중에 질린 나는 시청 안이나 주변을 더 둘러볼 생각을 하지 못하고 그곳
을 벗어나기로 했다.

기차역 근처에는 작은 가게들이 늘어서 있었다. 작지만 세련되고 도회적인 이미지의 가게들이었다. 벨기에에서는 유명 관광지보다 오히려 이런 숍들과 길거리 모습이 더 재미있게 느껴졌다. 시간 가는 줄 모르고 구석구석 구경하고 중간에 유명하다는 벨지움 프라이[7] 가게에 다녀오니 오후가 금세 지나갔다.

벨기에에서도 지난번 카우치서핑을 통해 만난 시모나와 벤을 교훈 삼아 다시 한번 카우치서핑 모임에 도전했다. 의외로 또 쉽게 앤트워프 모임을 찾을 수 있었다. 바로 그날 저녁 모임이었다. 관광지에서 조금 떨어진 곳의 작은 성당 앞에서 사람들을 만나기로 했다. 어김없이 약속시간에 강박이 있는 나는 30분 일찍 약속장소에 도착하고 말았다. 관광지가 아닌 곳의 느긋한 일상을 바라보며, 새로운 시모나와 벤을 기다리고 있었다.

7. 대체로 다른 메뉴 없이 벨기에식 감자튀김만 파는 가게.

누가 문 좀 열어줘!

관광지의 화려하고 유명한 성당들만 보다가 작고 평범한 성당을 마주하니 기분이 묘했다. 미사도 없는 날이라 아무도 없고 조용하기만 했다. 성당 앞 계단에 앉아 오가는 사람들을 보고 있는 사이 커플로 보이는 남녀가 성당 앞으로 걸어왔다. 아무도 없는 성당을 찾은 걸 보니 같은 모임에 온 것 같았지만 확실하지 않았기에 모른 척하며 미묘한 거리를 두고 커플과 내가 성당 계단에 걸터앉아있었다.

약속시간이 되자 키가 큰 남자가 우리 쪽을 향해 걸어왔다. 이날의 모임 호스트였다. 조금 뒤 1명이 더 도착했는데 바로 독일인 제이콥이었다. 성당 앞에서 기다리던 이탈리안 커플은 예상대로 모임을 신청한 사람들이었고, 이로써 총 5명이 모이게 되었다. 이날의 모임은 진정 맥주로 시작해서 맥주로 끝나는 모임이었다. 평소 맥주를 즐기는 나 역시 그 유명하다는 '벨기에 맥주'에 대한 환상이 있었는데 비단 나만 그런 것 같진 않았다.

향이 강한 벨기에 맥주는 '병'과 '라벨' 디자인이 독특했다. 첫 번째로 간 '바'에서 여러 종류의 맥주를 전용 글라스에다 따라 마시며 즐기는 사이 밤이 점점 깊어 갔다. 일행이던 독일인 제이콥은 먼저 자리를 떴다. 나도 그 시간엔 일어나야 숙소까지 대중교통으로 갈 수 있었지만, 차로 데려다주겠다는 이탈리안 커플의 제안에 결국 새벽까지 열려 있던 '벨지움 프라이' 가게로 옮겨 감자튀김을 안주 삼아 마지막까지 남아있게 되었다.

사실 현지인이 주최한 모임에 가면 그 나라에 대한 여러 가지 이야기를 들을 수 있을 거란 기대감이 있기 마련인데, 그날따라 벨기에에 아무런 정보도 없고 딱히 공부도 하지 않았던 나는 무엇을 물어봐야 할지도 몰랐다. 그저 눈에 들어오는 수많은 맥주 브랜드를 보느라 눈이 휘둥그레져 있을 뿐이었다. 다행히 이탈리안 커플 '크리스티나'와 '마이클'이 브뤼셀로 이주한 지 얼마 안 된 터라 벨기에에 대해서 상대적으로 많이 알고 있어서 그만큼 현지인에게 궁금한 것도 많았다. 그 덕에 그날 나는 벨기에의 앤트워프 지역 사람들은 네덜란드어를, 브뤼셀 지역 사람들은 불어를 쓴다는 것을 처음 알게 되었다. 어쩐지, 한 나라에서 도시 이름부터 일관성이 없더라니.

새벽이 되어서야 끝난 모임을 뒤로하고 나는 크리스티나와 마이클을 따라 그들의 차로 이동했다. 둘은 이탈리아의 시칠리아에서 온 커플로 현재 벨기에의 브뤼셀에서 생활하고 있었다. 앤트워프로 짧은 휴가를 와서 모임에 참가하게 되었다고 했다. 우리가 출발한 위치에서 브뤼셀은 남쪽, 내가 머무는 숙소는 북쪽에 위치한 탓에 그들은 늦은 밤 집과는 정반대의 길을 향해 가야 했다. 미안한 마음이 들었지만 친절을 거절하기가 어려웠다. 그 시간에 내가 이용할 수 있는 교통수단은 '치명적으로 비싼' 택시밖에는 없었을 테니. 그들은 호스트 정신이 대단했는데, 그 짧은 만남으로 나를 숙소까지 데려다주는 것은 물론이고 며칠 뒤에 브뤼셀에 갈 거라고 하자 그때는 본인들의 집에서 머무르고 가라며 초대까지 해주었다. 마음이 고마웠지만 나는 이미 앤트워프의 에어비앤비를 마지막 날까지 예약해 둔 상태였다.

정말 칠흑같이 어두운 벨기에의 밤거리를 이동하며 이런저런 이야기를 하는 사이 어느덧 숙소 앞에 도착했다. 고맙다고 인사하고 차에서 내린 후에도, 마이클과 크리스티나가 탄 차가 그대로 헤드라이트를 켠 채 대기하고 있었다. 어서 가라고 손을 흔들자 마이클이 무어라 손짓했다. 집에 들어가는 것까지 보고 가겠다는 의미 같았다.

숙소 문을 열려고 하던 그때였다. 안에서 격양된 여성의 목소리가 들렸다. 그리고 낮에 받은 열쇠로 아무리 왼쪽, 오른쪽 돌려봐도 문이 열리지 않았다. 유럽의 집은 대부분 아날로그식 열쇠를 사용하는데 이게 어떤 집은 반 바퀴만 돌려도 되고, 어떤 집은 한 바퀴를 돌려야 하고, 어떤 집은 두 바퀴를 돌려야 문이 열리고 잠긴다. 그간의 기억을 더듬어 다시 한번 정신을 가다듬고 반 바퀴, 한 바퀴, 두 바퀴를 이리저리 돌리며 재차 시도해봤다. 하지만 어쩐 일인지 아무리 키를 돌려도 재키의 집 문은 열리지 않았다.

근처에선 크리스티나와 마이클이 계속 기다리고 있었다. 미안한 마음에 정말 괜찮으니 어서 가라고 이야기했다. 하지만 문은 계속 열리지 않았고 안에 있는 사람에게 도움을 청하기 위해 수없이 두드렸지만, 오밤중에 파티라도 열린 건지 시끄러운 사람들 목소리가 들리고 한 여성이 계속해서 큰 소리로 말을 하는 통에 안에서는 전혀 눈치채지 못하는 것 같았다. 재키에게 전화를 걸었다. 집안에서 전화벨이 울리는 소리가 들렸지만 역시나 아무도 받지 않았다. 그때 이상함을 느낀 마이클이 문 앞으로 다가왔다. 열쇠를 줘보라고 한 마이클은 한 손으로 손잡이를 잡고 열쇠를 몇 번 움직였다.

찰칵. 문이 열렸다.

내가 놀라서 쳐다보자, "매직 핸즈!"라며 두 손을 나에게 펼쳐 보여줬다. 그리고 어떻게 문을 열어야 하는지 설명해주었다. 손잡이를 문을 앞으로 살짝 당겨서 위치를 맞추고, 시계방향으로 한 바퀴 반.

"고마워 마이클, 크리스티나. 니들이 아니었으면 길에서 잘 뻔했어."
"그랬으면 우리 집으로 데려갔을 거야."

두 눈에서 눈물이 흘러나오진 않았지만, 거의 울먹이는 수준으로 인사를 하고 집으로 들어왔다. 집 안에는 사람이 아무도 보이지 않았다. 집 밖으로 연결된 테라스에 사람들이 모여 있는 듯했다. 이러니 전화 울리는 소리도 문 두드리는 소리도 들을 수가 없지! 그리고 왠지 아까 격양된 목소리의 주인공이 재키일 것 같아 마주치기 싫어져서 내가 머무는 방으로 직행했다.

스페인의 포근한 날씨를 생각하고 얇은 옷만 챙겨 갔는데, 아무리 껴입어도 생각보다 추웠던 벨기에의 날씨 탓에 감기 기운이 올라오려 했다. 다행히 방안의 이불은 꽤 두꺼웠고 라디에이터도 있었다. 몸을 따뜻하게 하자 스르르 잠이 눈꺼풀에 내렸다.

카우치서핑은 이제 그만!

　다음 날은 벨기에의 유명 관광지인 겐트Gent에 가는 날이었다. 카우치 서핑에서 전날 모임을 찾을 때 겐트도 함께 검색해 보았는데, 역시나 있었다! 모임의 호스트는 이탈리아 여성이었다. 내가 어느 지역에 머무는지 확인하더니 그럼 모임 일행 중 한 명인 '니나'와 만나서 오면 좋을 것 같다며 니나에게 내 연락처를 전달해 놓겠다고 했다.

　[안녕, 레나. 난 니나라고 해. 오늘 겐트로 오는 거지? 난 지금 앤트워프 중앙역으로 가고 있어. 넌 어디야?]

　얼굴도 본 적 없는 그녀에게서 연락이 왔다. 살짝 멈칫했다. 이 붙임성, 친화력은 뭐지? 내가 출발하는 위치와 시간을 알려주자, 그녀는 중앙역에서 기다리겠다고 했다. 나도 초행길을 혼자 가는 것보다 일행을 먼저 만나는 게 좋을 것 같아 그러자고 했다. 그때 갑자기 그녀가 사진 한 장을 보내왔다. 사진 한가득 얼굴이 나오게 찍은 셀카였다. 또 한 번 멈칫했다. 이 과감한 셀카는 또 뭐지? 하지만 그 사진 덕분에 중앙역에서 그녀를 찾는 데 시간을 들이지 않아도 되었다. 본인만 괜찮다면 나름 현명한 방법이었다.

니나는 세르비아 출신으로 당시 벨기에 브뤼셀에서 유학 중인 대학원
생이었다. 그녀는 영어도 잘했지만 벨기에에서 불어를 익혔고, 스페인 바
르셀로나에서 에라스뮈스교환학생를 한 덕에 스페인어도 할 수 있는 바이링
구얼Bilingual이었다. 여러 나라와 도시를 오가며 생활한 덕분에 내가 느꼈
던 다소 과하다 싶은 극강의 친화력도 체화된 것 같았다. 전에 함께 살던
한국인 플랫메이트의 도움으로 한글공부도 한 적이 있다는 그녀는 내가
가지고 있던 물건 중 한글이 들어간 게 있으면 이제 막 글을 배우기 시작
한 아이처럼 옆에서 더듬더듬 읽어 나갔다.

이날의 모임 장소는 겐트의 성브라보 성당Sint-Baafskathedraal 앞 광장이었
다. 우리는 역 앞에서 호스트인 '마리아'를 만나 나머지가 오기를 30여
분 기다렸다. 어느샌가 10명 가까이 모인 사람 수에 나는 속으로 '이렇게
많은 수가 함께 다닌다고?' 슬며시 걱정이 고개를 들었다. 하지만 그게
끝이 아니었다. 어딜 가나 늦는 사람들은 존재하기 마련. 성당에서 다른
곳으로 향하는 사이 한 명, 1시간 정도 지나자 또 한 명, 이렇게 추가되
는 인원이 하나둘 늘어나더니 총 13명의 사람이 함께 움직이게 되었다.
생전 처음 본 사람 13명이 함께 다니는 여행. 특별히 누군가 강한 주
장을 펼치지 않아도 '좋다', '싫다' 의견이 갈리는 통에 대부분의 결정은
'싫다'는 사람 위주로 맞추었고 소수 의견을 존중하는 유럽식 사고방식인가? 하지만 그럼에
도 불구하고 개인의 자유도 중시하는 유럽식 사고방식에 따라 원한다면 개인별로 충분히 보고
즐긴 후 다시 조인하는 시스템으로 여행이 흘러갔다. 나에게는 무척 아쉬
운 시간이었다. 정말 내 맛도, 네 맛도 아닌 여행. 난 이 일을 계기로 당
분간 카우치서핑 모임을 끊기로 결심하게 된다.

안녕. 그동안 고마웠고 즐거웠어. 시모나와 벤을 알게 된 것으로 만족할게.

그런 와중에 유일하게 모두의 마음이 일치한 지점이 있었다! 바로 겐트 운하에서 즐기는 보트투어였다. 보트를 타고 아름다운 저택들 사이를 여유롭게 관광하는 겐트 최고의 인기 관광상품이었다. 하지만 대부분의 관광객들이 갈 법한 장소마저 다 패스하는 이 모임의 사람들도 원할 정도로 인기였던 보트투어는 이미 다른 관광객들이 줄 서 있는 통에 족히 몇 시간은 기다려야 했다. 이날은 벨기에의 공휴일로, 발에 채이는 것이 사람일 정도로 수많은 인파가 겐트를 방문한 날이었던 것이다.

우리는 당일치기로 온 여행이었기에 보트투어도 패스하기로 했다. 이 것도 패스, 저것도 패스하고 나니 겐트 내 유명하다는 관광지는 겉면 위주로 다 보았는데도 시간이 남았다. 그러는 사이에 몇 명은 모임에서 이탈해서 자신의 여행을 즐기기로 한 듯했다. 나도 중간에 이탈하고 싶은 마음이 올라왔지만 아침부터 함께 다녔던 니나 그리고 세계일주 중이던 '케이티'와 뉴질랜드에서 온 건축학도 '앨리'와 대화가 잘 맞아 마지막까지 이들과 함께했다. 그렇게 해질 무렵이 돼서야 단체 여행은 끝이 났고 우리는 다들 각자의 여행으로 돌아갔다.

저녁이 되자 전날 숙소까지 차로 데려다주었던 크리스티나와 마이클 커플에게서 연락이 왔다. 앤트워프에서의 모임이 많은 영감을 주었다며 자신들도 브뤼셀에 방문하는 사람들을 위해 카우치서핑 브뤼셀 모임을 열었다는 것이다! 마침 두 사람이 말한 날은 내가 브뤼셀에 가기로 했던 날이기도 했다.

'헉. 난 카우치서핑 모임은 끊기로 했는데….'

하지만 크리스티나와 마이클의 제안을 거절하기 힘들었다. 나도 조인하겠다고 답장하고 내일을 준비하기로 했다.

벨기에서의 마지막 날. 당일치기 여행으로 기차를 타고 브뤼셀로 향했다. 부지런한 여행자가 아니었기에 브뤼셀에 도착했을 땐 이미 점심시간이 가까워져 오고 있었다. 벨기에에 가면 꼭 먹는다는 홍합찜을 먹으러 맛집으로 유명한 레스토랑을 찾았다. 이른 점심시간이었는데도 사람이 정말 많았다. 의자는 2개 놓여있었지만, 혼자 오는 여행객을 위한 자리 같았다. 아무리 봐도 1인 이상의 요리가 올라갈 수 없는 크기의 테이블이었기 때문이었다. 초등학교 시절 책상도 이 테이블보다는 컸던 것 같다는 생각을 하며 주문한 홍합찜을 먹었다.

추운 날씨에 홍합찜을 조개탕이라도 되는 것마냥 숟가락으로 혼자 국물을 퍼먹고 있었다. 전날 많은 사람들과 다 같이 움직이는 통에 뭔가 제대로 먹지 못했다는 느낌이 들었는데, 먹고 싶었던 걸 혼자 여유롭게 즐길 수 있게 되자 안도감이 밀려왔다.

이제 '로씨오'와 만날 예정이었다. 로씨오는 네덜란드에서 출발해 독일을 거쳐 이제 막 벨기에에 도착한 상태였다. 벨기에의 추운 날씨 속에서 맨발에 조리를 신은 그녀의 다리가 보였다. 신발을 하나 사는 게 어떻겠냐고 제안했지만 어차피 며칠이라 조금 참겠다고 했다. 여행이 잦아지면 환경을 내가 원하는 것에 맞추는 것이 아니라, 나를 환경에 맞추게 된다. 그녀도 그렇게 된 듯했다. 오돌오돌 떨면서도 재킷 하나 사 입지 않은 나도 마찬가지였다.

우리는 브뤼셀에서 꼭 봐야 한다는 '오줌싸개 동상'을 수많은 인파 속에서 잠깐 그 존재만 확인하고 브뤼셀의 거리를 걸었다. 저녁을 먹고 나니 어느새 크리스티나와 마이클과 만나기로 한 시간이 되어 있었다. "로씨오, 자세한 이야기는 가면서 할게. 지금부터 우리는 브뤼셀 모임에 갈 거야. 그냥 바에서 술이나 한잔하고 얘기하는 자리인데 같이 갈래?" 로씨오는 별 저항 없이 나를 따랐다.

우리가 도착한 곳은 어느 바가 아니라 예쁘고 아늑한 카페였다! 물론 술도 마실 수 있는! 그런데 카페 안에 어딘가 눈에 익은 사람들이 있었다. 나는 마치 브뤼셀에 오래 살았던 사람처럼 몇몇 사람과 인사하게 되었다. 어떻게 어제 겐트에서 본 사람을 오늘 또 브뤼셀에서 볼 수가 있지? 순간적으로 상황 파악이 덜 됐던 나는 몇 초간 멍해져 있었다. 지구란 정말 좁구나. 물론 지구는 좁지만 사실 이 정도로 좁지는 않았다. 다 이유가 있었다.

그들은 전날 겐트의 카우치서핑 모임에서 만났던 사람들이었다. 어제 모인 13명 중 10명 가까이가 그곳에 있었다! 크리스티나와 마이클도 앤트워프에서처럼 소규모 모임을 기대했다가 적잖이 놀란 모습이었다. 다시 만나게 된 반가움도 있었지만 이렇게 많은 인원의 모임은 여전히 어색하다. 함께 따라온 로씨오도 생각지 못한 대규모 모임에 압도되었는지 특유의 친화력을 발휘하지 못하고 우리 둘은 심하게 겉돌다가 자리를 나서기로 했다.

초대해 준 크리스티나와 마이클은 브뤼셀의 본인들 집에 머물지 않고 가는 게 아쉽다고 얘기해 주었다. 참 신기하기만 했다. 벨기에라는 나라에서는 도대체 무슨 일이 벌어지고 있는 거지? 고작 반나절 가량 함께 보낸 사람들이 처음 보는 내게 얼마나 큰 친절과 배려를 베풀고 기꺼이 함께해 주었는지! 게다가 평생 모르고 살 뻔한 사람들을 며칠 사이에 두 번이나 보다니. 크리스티나와 마이클과 헤어질 때 감출 수 없는 아쉬움을 느꼈다. 또 만날 수 있기를….

이렇게 맥주와 카우치서핑으로 점철된 평범하지만은 않은 경험을 한 4일간의 벨기에 여행이 끝이 났다.

어느새 다시 집

벨기에 여행을 마치고 다시 발렌시아로 돌아왔다. 이제 스페인에서 생활한 지 한 달 정도 됐을 뿐인데 왜 이리 마음이 놓이던지. 심지어 발렌시아로 돌아온 날은 새로 구한 집에 들어가는 날이었다.

스페인에 가기 전부터 나는 집 구하기에 열을 올리고 있었다. 사람들은 왜 그렇게 서두르냐고 물었다. 스페인에서의 첫 한 달은 비자 문제로 학원에서 연결해주는 피소Piso, 즉 셰어하우스에서 지낼 수 있었다. 하지만 매우 낡기도 했고 보통 일주일에서 한 달 단기로 머무는 사람들이 오기 때문에 관리는 물론 함께 사는 사람들 사이의 룰이 제대로 잡혀 있지 않아 있는 내내 불편함이 극에 달했다. 그에 반해 사악한 가격은 나의 불만 중 하나였다. 한시라도 빨리 좋은 곳을 찾아 이곳을 벗어나야 남은 스페인 생활을 더 재밌게 보낼 수 있을 것만 같았다.

물론 빠르게 집을 찾아야 했던 가장 큰 이유는 니에NIE: Número de Identidad de Extranjero[8]를 받기 위해서 엠빠드로나미엔또Empadronamiento, 줄여서 '엠빠'라는 거주지 등록을 마쳐야 했기 때문이었다. 당시 엠빠를 등록하기 위해서는 거주할 곳의 계약서를 제출해야 한다는 내용이 있어서 열심히 집을 찾았던 건데, 결론은 아무도 내가 사는 곳을 실제로 혹은 서류상으로 확인한 사람은 없었다.

---

8. 외국인 등록증.

나의 스페인 생활 첫 허들이었다. 지금 생각해보면 전혀 문제될 게 없는 상황이었는데도 당시에는 매우 긴장했던 것 같다. 그 이유는 스페인의 관공서는 철옹성으로 유명했기 때문이었다. 일단 영어가 통하지 않았다. 설령 스페인어를 잘한다고 해도 딱딱한 원칙주의에다 의아할 정도로 허점이 많아 보였다. 원칙주의이기만 하면 그대로 룰을 따르면 되지만, 허점이 많은 점 때문에 '케바케'라는 인식이 생겨난 것 같았다. 유학생들 사이에선 스페인 관공서의 허점을 이용한 많은 무용담이 넘쳐났다.

어쨌든 나의 사례는 매우 심플하고 간단했다. 우선 집을 찾으면 다 해결될 것 같았다. 말이 집이지, 내가 구해야 하는 것은 셰어하우스의 방 하나였다. 처음에는 현지 사람들이 이용하는 셰어하우스 정보 사이트에서 집을 찾아보려 했는데 마음에 드는 곳이 쉽게 나타나지 않았다. 그리고 집주인이 상주하는 시스템이 아니라 여러 명을 상대로 방을 빌려주는 형태였기 때문에 그곳에 누가 살고, 몇 명이 사는지는 알 수 없었다. 결국 내가 이용하게 된 것은 '에어비앤비'. 어쩜 그렇게 설명이 자세하고 이미지도 잘 정리해 두는지 집은 물론이고 집 주변에 무엇이 있는지까지 알 수 있어 나에게는 최적의 플랫폼이었다. 물론 그 이미지들이 원래의 집보다 대략 2~3배쯤 커 보이고 조도가 밝아 보인다는 점만 이해하면 큰 오해 없이 마음에 드는 집을 골라볼 수가 있다.

내가 살고 싶은 동네와 환경을 검색해 본 뒤 메시지를 보냈다. 며칠간 머무를 게 아니라 최소 5개월은 있을 거처가 필요하다는 것. 그러니 에어비앤비에 적혀 있는 금액보다 싸게 제안해줄 것을 요청했다. 의외로 많은 사람들이 나의 5개월 스테이가 가능하다는 답장을 보내주었고 꽤 괜찮은 금액을 제시해 주었다. 그렇게 해서 열 군데 정도는 둘러보았던 것 같다.

마지막 한 집을 남겨두고 방문한 집이 가격도 괜찮았고, 주변 환경도 좋았다. 뭣보다 함께 살게 될 사람이 '셰프'라는 것이 제일 마음에 들었다. 그리고 마지막으로 돌아볼 곳은 집은 너무 예뻤지만 가격이 비쌌고, 내가 다니는 어학원에서도 거리가 멀어서 제일 가능성이 없는 곳이었다. 그래도 이왕 약속 잡은 거 발렌시아 안의 동네 구경이라도 다양하게 해보자 하는 마음에 구경 삼아 가기로 했다. 집은 유럽식으로는 4층 그러니까 한국으로 치면 5층에 있었다. 그런데 엘리베이터가 없었다. 계단을 하나씩 올라가며 생각했다.

'응. 여기는 안 되겠다.'

3층쯤 되니 계단 끝에서 어떤 여자가 나를 보고 있었다. 그 여자가 '마르타'였다. 그렇다. 결국 난 그 비싸고, 멀고, 엘리베이터도 없어서 매일 아침저녁으로 5층 계단을 오르내리는 수고를 해야 하는 그 예쁜 집을 선택했다.

집에 들어서자마자 낡았지만 예쁜 주방이 눈에 들어왔다. 주방을 지나자 발코니를 끼고 있는 다이닝룸이 있었다. 한가운데 테이블이 있고, 바닥에 깔린 카펫 문양의 예쁜 타일이 눈에 띄었다. 마르타는 5층을 걸어 올라와 숨 고르기를 하고 있는 나에게 시원한 물 한 잔을 건넸다. 다른 곳들과 다르게, 먼저 집을 보여주는 게 아니라 테이블에 마주앉아 커다란 두 눈으로 나를 바라보며 이것저것 묻는다. 여러 질문과 대답이 오가고 나니 그제야 집을 보여주겠다고 했다.

특이하게도 이 집은 굉장히 기다란 구조를 띠고 있었다. 현관과 가까운 곳에 주방과 다이닝룸이 있었고 그 옆의 작은 방이 바로 내가 사용할 방이었다. 그리고 20미터 정도의 복도를 지나는 사이 2개의 화장실과 창고가 있고 끝에 마르타의 방과 작업실이 나오는 구조였다. 마르타의 작업 공간은 통풍이 잘되고 시원한 바람이 드는 곳이었다. 내 방은 발코니가 있어서 발렌시아의 구도심을 볼 수 있고 해가 잘 들었다.

마르타는 이 집에서는 옥상을 잘 누릴 수 있을 거라며 빨래집게가 들어가 있는 작은 대야를 하나 꺼내더니 거기서 열쇠를 찾았다. 옥상 문을 여는 열쇠였다. 옥상으로 올라가니 한 층 차이인데도 집안 발코니에서 보는 전경과는 또 다른 매력이 있었다.

그 순간, 세입자로서는 안 될 말을 하고야 말았다.

"마르타, 난 이 집이 너무 마음에 들어."

아직 학원에서 연결해준 숙소와 계약이 3주 정도 남아있었기 때문에 그 기간이 끝나는 대로 들어가기로 했다. 그러는 사이 어느덧 이사 날짜가 다가오는데 벨기에 여행을 잡아버렸다.

그리고 벨기에 여행에서 돌아오던 날, 나는 새벽 비행기로 발렌시아에 도착했다. 고요한 아침, 사람들도 보이지 않는 거리에서 엄청난 굉음의 캐리어 바퀴 소리를 내며 새집으로 향했다. 미리 받은 열쇠로 원래 살던 집인 양 공동현관문을 열고 5층 계단을 올랐다. 매 층 계단참에서 잘한 선택인지 '현타'와 후회가 밀려왔다. 5층에 다다라, 문을 열고 집안에 들어갔다. 아침 햇살에 반사되어 반짝이는 타일 바닥과 살짝 열린 발코니 문 사이로 들어오는 바람을 맞으니 후회스러운 마음이 사르르 녹았다.

얼마 지나지 않아 마르타가 나와 나를 반겼고, 그녀의 뒤로 검은 고양이 토마사가 '니야앙' 소리를 내며 쫓아 나왔다. 마르타와 다이닝룸에 마주보고 앉아 모카포트로 내린 커피를 마셨다. 경계심 없는 '개냥이' 토마사는 의자 밑에서 부드러운 털을 내 다리에 비벼댔다. 마치 자신의 영역에 들어온 낯선 나에게 평화롭게 지내자는 인사 같았다. 마르타는 집에 대해서 몇 가지 설명을 더 해주었고 대부분의 내용은 '무엇이든지 네 마음대로 쓰고, 궁금한 것은 언제든지 물어봐'였다.

다이닝룸 건너편 방에 내 물건들을 하나둘 채워 나갔다. 캐리어의 짐을 다 비워내고 나니 신기하게도 더 이상 여행길에 있는 것 같은 느낌이 들지 않았다.

그렇게 어느 순간, 나는 집에 와있었다.

스페인판 집순이

"레나, 너도 알잖아. 내가 대부분의 시간을 집에서 보낸다는 걸. 스페인에서는 그런 사람을 '카세라Casera'라고 해."

카세라. 처음 들어보는 단어였다. 하지만 마르타가 이 단어를 말한 순간, 꼭 맞는 한 단어가 생각났다.

'집. 순. 이'

마르타는 스페인판 '집순이'였다. 프리랜서 일러스트레이터로 집에서 일을 했다. 그녀가 안 보인다 싶어 긴 복도를 가로질러 그녀만의 작업 공간에 가보면, 시원한 바람이 불어오는 곳에 터를 잡고 작업에 몰두하고 있었다. 매일같이 그녀의 친구들이 집에 오는 것도 마르타가 외출을 잘하지 않는 이유인 것 같았다. 그들은 밤낮 할 것 없이 마르타의 집에 들러서 함께 음식을 해 먹거나 영화를 보고 가곤 했다.

마르타는 베지테리안, 그중에서도 육류를 제외한 해산물, 유제품, 계란 등을 먹는 '페스코베지테리안'이었다. 그래서 함께 밥을 먹을 때는 재료에 신경을 써야 했지만 그마저도 그녀가 요리를 해주는 경우가 많았다.

실제로 그녀는 정말 요리를 잘했다.

마르타가 얼마나 '집에서 해 먹는 일'에 진심이었는지 느낄 때가 종종 있는데, 매일 아침 먹을 빵을 직접 구워 먹는다거나 매일 만드는 것은 아니고 냉동 밥처럼 대량 생산해서 냉동실에 보관하였다. 그 빵을 구울 때 사용하는 '이스트'마저 직접 만든다고 했을 때였다.

게다가 집순이치고는 부지런한 성향도 있어서 끊임없이 새로운 환경을 만드는 것을 좋아했고, 한 달에 한 번씩은 집안의 가구 배치를 조금씩 바꾸고는 만족스러워했다. 주로 손대는 곳은 가장 오랜 시간을 보내는 자신의 작업실이었다. 책상, 소파, 책장의 위치를 이리저리 옮겨가며 스스로 새로운 변화를 주었다. 그녀가 한번 세팅해 준 공간을 6개월 내내 그 어떤 가구도 단 1mm도 옮기지 않고 사용한 나와 무척 대비되는 모습이었다.

마르타는 실로 많은 것을 집에서 직접 해냈다. 그중에서 가장 충격적인 것은 직접 머리를 자르는 것이었다. 물론 중도 제 머리는 못 깎는다고, 제아무리 프로 집순이라도 스스로 머리를 자를 수는 없었다.

비가 오고 바람이 많이 불던 어느 날이었다. 한가롭게 집에 있던 나를 본 마르타가 말을 걸었다.

"레나, 너 머리 자를 줄 알아?"

살면서 처음 받아본 질문이었다. 가끔 아이가 있는 집에서 아이 머리를 잘라 주거나, 간단히 앞머리를 손질하기 위해 자르는 경우는 봤지만, 30대 여성이 집에서 머리를 자른다니…. 하지만 또 흥미로워진 나는 귀가 솔깃했다.

"못할 게 뭐 있어. 예쁘게 자르면 되는 거지?"

가볍게 응수하고는 다이닝룸으로 나갔다. 마르타도 나의 자신감이 마음에 들었는지 서둘러 미용 도구를 챙겨 나왔다. 마르타가 어떤 가위를 꺼내 올지 마음이 조마조마했다. 설마 평소에 쓰는 다용도 가위를 가져다주지는 않겠지? 다행히 그녀는 집에 미용 가위와 얇은 꼬리빗 그리고 숱을 쳐낼 때 쓰는 숱가위까지 잘 갖추어 놓고 있었다. 마음이 놓였다. 마르타를 식탁 의자에 앉히고, 미용실에서 쓸 것 같은 판초를 어깨에 둘렀다. 개냥이 토마사가 무슨 재밌는 구경거리라도 생긴 것마냥 기지개를 켜더니 다이닝룸으로 슬며시 다가와 우리를 보고 앉았다.

그렇게 나는 생에 처음으로 미용 가위를 손에 쥐게 되었다. 호기롭게 '내가 해 보마' 도전장을 내밀었지만 정말 사람 머리카락을 자르려니 선뜻 움직여지지 않아, 가위질에 들어가기 전 다시 한번 마르타에게 물었다.

"마르타, 정말 잘라도 되는 거지?"
"응~ 괜찮아. 최악의 상황이 벌어져도 머리카락은 다시 자라니까."

그동안 미용실에 가서 사진처럼 해 달라, 예쁘게 해 달라, 염색할 때는 톤 차이가 안 나게 해 달라, 파마할 때는 잘 안 풀리게 해 달라, 하지만 너무 빠글빠글하게는 안 된다 등등 헤어디자이너를 못살게 군 나를 살며시 반성했다. 어차피 다시 자라고 원래의 모습을 찾을 텐데. 다시 제자리를 찾을 것들에 대한 저 의연함. 집순이 마르타는 사실 현자였다.

나는 초짜인 게 확실했지만, 지난 30년간 미용실을 다녀본 경험으로 물론 대부분의 시간은 잠들어 있었지만 곧잘 미용을 해냈다. 나는 그렇게 생각하고 있다. 분무기로 물을 뿌려 머리를 적시고, 빗질을 해서 머리카락을 가지런히 정렬시키고는 원하는 기장을 물었다. 지금같이 어깨에 닿는 게 싫으니 '어깨 위로 오게끔'이라는 요구 사항을 받아냈다. 제딴은 '칼단발'을 원하는지 묻고 싶었으나 거기까지는 언어적 표현력 부족과 미용 기술의 부재로 그냥 넘어가기로 했다.

사각. 사각.

조용히 가위질 소리만 오가고 나름 몰입 수준의 집중력을 발휘하여 머리를 잘랐다. 마지막은 숱가위로 마무리까지 했다. 너무 순조롭게 진행돼서 이러다 발렌시아 한인 미용사로 이름을 떨치는 거 아닐까 싶었다. 거울 2개를 이용해 완성된 머리의 앞과 뒤를 보여주었다. 마르타는 굉장히 만족스러워했다. 그 뒤에 친구들이 오면 자랑하기까지 했다. 그 친구들도 본인의 머리를 잘라 달라고 식탁 의자에 앉으면 어쩌나 조마조마했던 건 나의 '근자감'과 기분 탓에 불과했지만.

"레나, 너도 머리 자르고 싶으면 얘기해. 내가 잘라줄 수 있어!"

그렇게 말하는 마르타의 앞에서 동공 지진이 일어났다. '괜찮다. 하지만 고맙다'는 말로 마무리 지었다. 뒤늦게 생각해보니 한 번 부탁해볼 걸 그랬다.

어차피 최악의 상황이 벌어져도, 머리카락은 다시 자랐을 테니 말이다.

검은 고양이 토마사

2019년 겨울이었다. 마르타의 SNS에 '어제 토마사가 떠났어'라는 글이 올라왔다. 몇 장의 사진과 함께. 나는 퇴근길 지하철에서 '하아….'라는 짧은 탄식 말고는 할 수 있는 게 없었다.

나는 고양이를 좋아하지 않았다. 고양이와 강아지 중에 선택할 수 있다면 무조건 강아지파였다. 그런 내가 고양이와 함께 생활하는 경험이 몇차례 있었다. 정확히는 세 번.

첫 번째는 뉴질랜드 오클랜드에서였다. 당시 플랫하우스는 4명의 일본인과 1명의 키위뉴질랜드인 그리고 한국인과 강아지 1마리, 고양이 1마리가 살고 있었다. 고양이 이름은 '미-짱'이었다. 모두들 '미-짱'이라 부르며 좋아했는데, 그녀가 집에 며칠간 돌아오지 않으면 걱정하곤 했다. 그럴 때마다 쓸데없는 걱정이라고 안심시키는 건 나의 몫이었다. 왜냐하면 미-짱이 꼭 집에 아무도 없을 때 나에게만 모습을 드러냈기 때문이었다.

"최근에 미-짱 봤어?"
"아니 못 본 지 벌써 며칠이나 됐어. 조금 걱정되기 시작하네."

이런 대화가 오가면 그때는 내가 나설 차례였다.

"내가 어제 봤어. 거실 소파 뒤에 슬그머니 지나가던걸?"
"다이닝룸 테이블에서 점심 먹고 있는데, 소리도 없이 테이블 밑으로 와서 갑자기 내 발에 털을 비벼대는 바람에 다 뿜을 뻔했어~"
"화장실에서 세수하고 있는데 창문 밖에 이상한 기척이 들려서 봤더니, 미-짱이 벽을 타고 창문으로 들어왔어. 갑자기 마주쳐서 서로 너무 놀라서 대치 상태였고 미-짱도 꼬리를 세우고 나를 공격하려고 했어."
등 대부분 부정적인 이야기였다.

항상 아무도 없을 때 기척도 없이 나타나 내 다리 밑을 쓸고 가거나 놀라게 하는 일들이 잦아서, 나는 미-짱을 그다지 좋아하지 않았다. 룸메이트였던 아유미는 나에게만 미-짱이 모습을 드러낸다며 부럽다고 말하곤 했다. 그녀는 확실한 고양이파였다.

두 번째는 고등학교 동창 애정의 집에서였다. 도쿄에서 혼자 살고 있는 그녀에게는 반려묘 '한라봉' 줄여서 '봉'이라 불렀다. 이 있었다. 봉이는 길에서 구조한 새끼 길냥이었는데 처음 맡았던 사람이 키울 수 없게 되자 애정이 데리고 온 고양이였다. 애기일 때는 몰랐는데 점점 자랄수록 위협적으로 느껴질 만큼 몸집이 거대해졌다.
나는 일본에 사는 동안 친구 애정의 집에서 거의 매일같이 시간을 보냈다. 그러면서 봉이와도 보내는 시간이 늘어났는데 한창때의 봉이는 장난이 심해서 애정의 팔에는 온갖 할퀸 상처들로 가득했다. 어쩌다 애정이 잠깐 화장실을 가거나 자리를 비울 때면 나와 대치 사태를 벌이곤 했다. 나중에는 할퀴려는 봉이와 베개로 막고 저지하는 나 사이에 약간의 몸싸움까지 벌어지는 지경에 이르러서 애정의 집에 가기 전 '아… 피곤해. 가지 말까…'라고 고민할 정도였다.

어느덧 그런 봉이도 이제는 연로한 몸이 되어 지금은 며칠을 같이 있어도 아무렇지 않은 평온한 사이가 됐다. 그리고 그렇게 되기까지는 고양이에 대한 나의 선입견을 바꿔준 고양이 토마사가 있었다.

세 번째가 바로 검은 고양이 '토마사'이다.

검은 털에 반짝이는 에메랄드빛 눈동자를 가진 고양이. 외모에서 풍기는 느낌이 보호자인 마르타와 매우 닮아 있었다. 토마사 역시 또 다른 '카세라', 즉 집순이였다. 그 집에 들어온 지 햇수로 3년이 되는 동안 밖을 나간 적이 없다고 했다. 유일한 외출은 병원에 가는 정도였다. 그도 그럴 것이 그곳은 4층 건물에다 구도심 중심에 있었다. 술집과 가게 그리고 발렌시아의 명소 대성당이 근처에 있어 종일 관광객들로 넘쳐나는 곳이라 밖을 나갈 엄두를 내기가 힘들었다. 그렇지만 여러 개의 넓은 방에다 캣타워 대용으로 사용 가능한 높은 찬장의 창고 방까지 개방해 둔 덕분에 마르타의 집은 고양이들이 지내기에는 최적의 장소였다.

사실 우리가 만났을 때는 추정 나이 9살로 이미 호기심과 기력이 왕성

한 나이는 아니었다. 거의 대부분을 집안에서 마르타 옆이나 소파 위에서 햇빛을 받으며 누워있거나 상자 안에 들어가 자고 있었고, 종종 복도를 우아한 발걸음으로 조용히 활보했다.

내가 마르타 집에 온 이후로는 내 방에 오는 걸 새로운 구경거리쯤으로 여기는 것 같았다. 어느샌가 조용히 들어와서 내가 책상에서 무언가 하고 있으면 그 위에 조용히 배를 깔고 누워서 당황하게 했고, 옷을 고르려고 옷장을 뒤지고 있으면 그 안에서 불쑥 튀어나오기도 했다. 고양이와의 생활도 세 번째를 맞아서 그런지, 그런 고양이들의 돌발 행동에 더 이상은 크게 놀라지 않게 되었다. 물론 그때마다 깜짝깜짝 놀라긴 했지만 전처럼 불쾌하다는 느낌은 들지 않았다. 나도 나이가 들어서였기 때문이리라.

토마사는 어두운 밤, 바깥에서 흘러들어 오는 빛을 좋아했다. 꼭 밤이 되면 내 방에 조용히 들어와서는 발코니 앞에 자리를 잡고 빛이 나는 쪽을 응시하곤 했다. 그렇게 한밤중의 방문은 내가 자고 있을 때도 이어졌다. 방에 무언가 있는 것 같은 기척이 느껴져서 발코니 쪽을 바라보면 어김없이 토마사가 앉아있었다. 살짝 눈치를 주면 다시 마르타의 방으로 조용히 돌아갔다.

어느 날 밤이었다. 나는 꿈에서 몽구스_{고양잇과 동물로 스크루지 수달같이 생김}가 내 귀 옆을 날아가는 꿈을 꾸고서 너무 놀라 잠에서 깼다. 그 순간 토마사가 나타나더니 방을 가로질러 발코니까지 엄청난 속도로 '우다다' 질주하는 것이었다. 깜짝 놀라서 침대에서 일어나자 토마사는 또 아무 일 없었다는 듯이 유유히 마르타 방으로 사라졌다. 토마사는 밤새 내 방을 질주하고 있었던 걸까? 그게 꿈에 몽구스로 나온 건지도⋯. 강아지와는 살면서 겪지 못한 종잡을 수 없는 묘한 경험들. 이게 고양이와 사는 매력인가!

마르타의 집을 떠나 다시 한국으로 온 후, 다시 발렌시아에 갈 일이 두 번 있었다. 첫 번째 방문에는 토마사가 나를 피했다. 모르는 사람 취급을 하며 거의 모습을 드러내지 않았다. 두 번째 방문에서는 마르타가 말하기를 "요새 토마사는 개냥이 수준이 아니야. 그냥 개야."라고 했다. 치매였던 걸까. 정확히는 모르겠지만 노년의 토마사는 마치 아기 고양이처럼 어리광부리며 배를 뒤집어 까고 사람들과 계속 붙어지내길 원했다.

그리고 토마사는 추정 나이 14살의 나이로 세상을 떠났다.
그녀가 세상을 떠난 그해 여름에 본 게 토마사와의 마지막이었다. 그때는 알지 못했지만 그렇게라도 토마사를 볼 수 있어서, 그리고 나를 보여줘서 다행이라는 생각이 들었다.
마르타는 본인의 SNS에 토마사의 소식을 알리며 토마사를 알았던 사람들에게 그날은 「La Negra Tomasa검은 그녀 토마사」라는 곡을 꼭 불러주길 부탁했다.
「La Negra Tomasa」에 이런 가사가 나온다고 한다.

"Estoy tan enamorado de la negra Tomasa que cuando se va de casa qué triste me pongo..."

그녀가 떠났을 때 얼마나 내가 슬퍼했는지, 나는 그만큼 검은 그녀 토마사를 사랑했었어.

때때로 토마사는 방에 켜 둔 스탠드 조명을 하염없이 들여다볼 때도 있었다.
정말로 조명 안의 전구를 망부석이라도 된 듯 꼼짝 않고 들여다봤다.
그 빛 속에서 무엇을 보았던 걸까….

까사베르데(Casa Verde)를 아시나요?

　길에서 만난 로씨오. 우리가 길에서 만났다는 사실을 잊을 만큼 자주 만나며 그 누구보다 편해졌을 때쯤, 로씨오에게 초대를 받았다.

"언니, 내일 저희 집에서 송별파티가 있는데 올래요?"
"누구 송별파티인데?"
"유지니라고… 저희 학원 애인데 이제 벨기에로 귀국해서 저희 집에서 송별파티 하기로 했어요."

　유지니라니…. 생전 처음 들어보는 이름을 가진 사람의 송별파티에 가도 되나?라는 생각은 잠시뿐. 호스트가 오라고 하니 가기로 했다. 당시 로씨오가 살던 곳은 그 일대에서는 유명한 집이었다. 우선 그 동네는 까바날^{Cabañal}이라고 하는 발렌시아의 '할렘'이다. 발렌시아의 말바로사^{Malva-rosa} 해변과도 가까워 걸어서 이동 가능하지만, 치안이 좋지 못해 그 일대는 조심해야 한다는 이야기를 들었다.
　로씨오는 까바날에서 이름만 들어도 안다는 '까사베르데^{Casa Verde}'에 살고 있었다. 매번 로씨오에게 까사베르데에서 벌어지는 일들에 대해 전해 들으며 도대체 저 집에는 몇 명이나 사는 걸까 궁금하던 차에 파티까지 열어서 초대한다니 넙죽 가게 된 것이다.

3층까지 이어지는 까사베르데는 여느 셰어하우스와 비슷한 듯 규모가 남달랐다. 공동으로 사용하는 주방, 다이닝룸, 세탁실, 화장실, 샤워실이 따로 있었고 층마다 여러 개의 방이 나란히 있었다. 그 집에 15~20명 정도가 살고 있는 것 같았다. 방문 앞에 서핑보드가 나와 있거나 어떤 방은 문이 활짝 열린 채로 있어서 보기만 해도 '자유로운 영혼들'이 이곳에 모였구나, 라는 느낌이 들었다.

"로씨오, 오늘 메뉴는 뭐야?"

"언니, 놀라지 마세요… 김밥이에요."

"니가 김밥을 싸려고?"

"슬쩍 눈치 보며 네."

"난 갈게." 하고 쿨하게 나오고 싶었지만, 그래도 여기까지 왔는데 김밥 싸는 걸 도와주기로 했다. 재료는 이미 준비돼 있었고, 옆에서 김밥에 들어갈 재료를 손질하고 볶아주는 일을 맡았다. 까사베르데의 주방은 좀 독특했는데 많은 인원을 수용해야 하니 싱크대가 두 군데나 있었고 그 옆엔 2대의 대형 냉장고가 눈에 띄었다. 냉장고는 칸칸마다 본인의 방처럼 배정된 자리가 있다고 했다. 서랍장도 마찬가지였다. 로씨오는 본인 서랍장에서 칼과 조리도구를 꺼냈다. 주방 옆 베란다로 나가면 한 층 아래의 세탁실에 세탁기만 5대나 됐다. 까사베르데는 셰어하우스보다는 장기 투숙객을 위한 호스텔에 더 가까웠다.

요리를 하는 사이 얼마 전 인떼르깜비오에서 만난 이탈리안 알렉시스

Alexis에게서 연락이 왔다. 오늘 무얼 하냐고 묻길래, '오늘 저녁에 친구의 친구 송별파티가 있어서 거기에 와있어!'라고 했다. 그러자 알렉시스한 테서 '나도 오늘 파티야~'라고 답이 왔다. 역시 스페인은 '피에스타파티'의 나라인가. 다들 파티네~ 하며 다시 재료 손질을 시작했다.

저녁 8시가 지나자 슬슬 사람들이 도착하기 시작했다. 엄청 다양한 국 적의 사람들이 모였다. 폴란드, 벨기에, 멕시코 등등. 그런데 갑자기 어디 서 낯이 익은 사람이 나타났다. 바로 아까 파티에 간다던 알렉시스였다.

"헐. 알렉시스, 너 파티에 간다고 하지 않았어?"
"응~ 이 파티가 내가 말한 그 파티야!"

작은 도시에 외국인들끼리 알고 지내봐야 손바닥 안이겠지만, 새삼 너 무 좁다고 느껴지는 순간이었다. 여러 사람들이 음료와 디저트 그리고 음식을 가져와서 우리도 함께 김밥을 뽐내며 실컷 저녁 파티를 즐겼다.

송별파티의 주인공이었던 유지니Eugene는 정작 10시 가까이 되어서야 파티에 등장했다. 비록 하루에 불과했지만 온종일 사람들에게 이름을 듣 다가 막상 실물을 보니 유명인을 만난 기분이 들었다. 뻘쭘하게 반가웠 다. '좋은 사람 같은데 이렇게 마지막 날에 보게 되어 아쉽다'며 립서비스 를 건네 보는 오지랖 넓은 나…. 내가 생각해도 웃음이 나오려 했다. 뒤에 서 로씨오가 놀리고 있을까 봐, 서둘러 인사를 마무리했다.

생전 처음보는 사람의 송별파티였지만, 이 일을 계기로 나의 스페인 생활에 활기가 더해졌다. 스페인 생활의 2막이 시작되려 하고 있었다.

발렌시아 한인 식당 〈레나네〉

발렌시아의 북역 근처에는 차이나타운처럼 중국인들이 상권을 이루고 있는 곳이 있다. 사실 발렌시아의 진짜 '할렘'은 로씨오가 사는 동네 까바냘이 아니라 이곳이 아닌가 싶을 정도로 조금만 골목으로 들어서면 화려한 간판의 술집이나 어딘가 수상스러운 사람들이 보인다. 물론 그 수상한 사람들 중 최고봉이라는 '외지인'은 바로 나였지만.

그곳의 중국인 마트에서는 중국뿐만 아니라 한국, 일본, 말레이시아 등 아시아 각국의 식자재를 판매하고 있었다. 그날은 작정하고 마트를 털러 간 날이었다. 같은 학원에 다니는 한국인 학생 '펭'이 알려준 가게는 생각보다 작은 규모라 조금 실망스러웠다. 하지만 작은 공간에 내가 필요했던 것은 대부분 갖추고 있어서 크게 아쉬울 것 없이 쇼핑할 수 있었다.

쇼핑을 마치고 계산하려는데, 매장 점원이 손가락으로 가게 안쪽 끝을 가리켰다. '응? 저기가 왜?' 하고 멀뚱히 쳐다봤더니 나에게 따라오라고 손짓했다. 작은 통로를 지나 그녀를 따라가 보니 가게 뒤편에 방금 봤던 공간의 2~3배는 돼 보이는 크기의 매장이 나왔다. '뭐야? 무기 파는 곳이야? 왜 이런 걸 숨겨 놓고 그래?'라고 생각하면서도 입은 웃고 있었다. 그곳에는 한·중·일 세 곳의 마트를 옮겨 놓은 수준으로 많은 식자재가 정렬되어 있었다. 나는 눈이 휘둥그레져서 원래 목적대로 정말 마트를 털고 만족스럽게 가게를 나왔다. 조만간 다시 와서 정복하리라 다짐하면서 말이다. 무엇을?

　발렌시아에 온 이후 처음으로 친구들을 집으로 불러 함께 저녁식사를 하기로 한 날, 나는 시모나, 글래디스 그리고 케빈을 초대했다. 마르타에게도 저녁식사에 함께해달라고 했다. 발렌시아에서 처음 사귀게 된 친구들이기도 했고, 글래디스와 케빈은 한국 문화에 관심이 많은 덕에 한식의 열렬한 팬이기도 했기 때문이다. 베지테리언인 시모나에게는 그날의 어떤 요리에도 일절 육류를 사용하지 않겠다고 선언했음에도 미심쩍었는지 본인도 간단한 요리를 해오겠다고 했다. 물론 나눠먹고 싶은 마음이 더 컸으리라고 믿고 있다.
　메뉴는 베지테리안인 시모나와 마르타를 생각해서 고심 끝에, 부추전과 비빔국수 그리고 떡볶이를 준비하기로 했다. 아무래도 외국인들의 입에 살짝 매울 것 같아 각자의 입맛에 맞게 비벼 먹을 수 있게 소스도 따로 덜어두었다.
　그러는 사이에 글래디스와 케빈이 도착했다. 둘은 쭈뼛쭈뼛 어색하게 집안에 들어와 마르타와 인사를 하고 다이닝룸의 테이블에 앉았다. 그러다 내 방을 구경하러 들어갔는데 한류 스타의 팬이었던 그들에게는 한국 제품들로 가득한 공간이 신기했는지 방안에서 연신 키득키득 아이들 같은 웃음소리가 들려왔다. 글래디스와 케빈은 스페인 속의 작은 한국탐방을 한차례 끝내고 다시 테이블로 돌아왔다.
　그리고 그날은 매번 저녁 9시 전에는 만나기 어려웠던 시모나를 8시에 볼 수 있었던 날이었다. 일의 전말은 이랬다. 나는 저녁식사를 7시쯤 시작하고 싶었는데, 시모나는 완강히 반대했다.

"레나, 스페인사람들은 저녁을 9~10시에 먹잖아. 7시는 너무 이른 것 같아."

"너는 스페인사람도 아니잖아. 케빈이랑 글래디스도 스페인사람이 아니야. 마르타는 내가 얘기해 볼게."

이렇게 해서 마지못해 8시로 합의를 본 우리. 물론 시모나는 가장 늦게 나타났다. 그녀의 두 손에는 냄비가 들려 있었다. 자전거 바구니에 이걸 넣고 오느라 조마조마했다는 시모나.

그녀는 자신이 만들어온 콜드 파스타의 하얀 치즈, 녹색 바질, 빨간 토마토가 이탈리아의 국기를 상징한다고 말하고 자기도 웃음이 터졌다. 나도 속으로 '네가 언제부터 그렇게 너네 나라에 자부심이 있었어?'라고 생각했는데 시모나도 비슷한 생각을 한 것 같았다. 케빈은 그의 엄마가 만들어준 콜롬비아식 엠빠나다Empanada[9]를 들고 왔다. 글래디스도 손수 요리한 적도기니의 요리를 가져왔는데 야채튀김 같은 요리였다. 테이블 위가 풍성해졌다.

다행히 부추전은 모두의 입맛에 맞는 것 같았다. 시모나와 마르타는 매운 음식에 익숙하지 않아 비빔국수와 떡볶이는 조금 힘들어했다. 케빈과 글래디스는 가끔 아이 같은 모습을 보일 때가 있는데 이날도 매운 음식에 욕심을 부렸다. 사실 한국인의 입맛에는 그리 맵지 않은 수준이었지만 케빈은 거의 입안에 불이라도 난 듯 계속 찬 음료를 들이켜야 했다.

---

9. 빵 반죽 안에 다양한 속재료를 넣고 만두피처럼 튀긴 스페인과 중남미 요리.

　식사하는 동안 대화는 스페인어로 이어졌고, 중간중간 시모나와 케빈이 나를 위해 영어로 통역을 도와주었다. 그런데 대화 중 잠시 어색한 기류가 흐르던 순간이 있었다. 아무도 통역해 주지 않아 영문을 알 수 없었는데 다음 날 시모나가 이야기해 주었다.

　"어제 글래디스가 마르타에게 잠깐 화를 냈어. 진짜 화는 아니고 아주 조금."
　"왜??????"

　나는 나름 전날 식사의 호스트였기에 이 이야기에 사뭇 놀랐다.

　"마르타가 글래디스한테 적도기니가 어디 있냐고 물어본 거야. 글래디스는 적도기니가 오랜 시간 스페인에 속해 있었는데도, 스페인사람들은 그런 나라가 어디 있는지도 모르고, 그게 어떤 나라인지도 모른다고 화가 난 것 같았어."

예전에 누군가에게 들었던 이야기가 생각났다. 프랑스의 많은 할머니, 할아버지들은 그 나라에 살 법하지 않은, 예를 들어 나 같은 동양인이 현지인처럼 불어를 해도 전혀 이상하게 여기지 않는다고 했다. 나는 그것이 다문화에 대한 수준 높은 이해 그리고 차별적 언행을 삼가는 톨레랑스적인 자세라고 생각했었다. 하지만 그 배경엔 '저 아이도 프랑스에서 지배했던, 하지만 내가 모르는 어떤 나라에서 살았나 보지?'라고 생각하기 때문이라는 것이다.

근대에 행해겼던 유럽 열강들의 무분별한 제국주의 침략으로 많은 나라들이 살던 곳을 빼앗기거나 심지어 사용하던 언어가 바뀌었다. 이제 와서 제국주의 국가의 후손들 그러니까 한 개인에게 그 책임을 따져 물을 수는 없지만, 전세계에 존재하는 수많은 제국주의에 희생된 나라들을 그저 그들의 선대가 정복한 흔하디흔한 식민지들 중 하나로 여긴다는 것이 나에게도 씁쓸하게 다가왔다. 물론 마르타는 아주 간단한 사실, 적도기니의 지리적 위치를 물었을 뿐이었다. 그녀가 잘못한 것은 없었다. 하지만 글래디스가 자신이 태어난 나라와 식민지 국가들 사이의 역사적 배경에 대해 잘 모르는 스페인사람들에게 화가 난다는 것이 그렇게 감정적인 선택이 아니라는 생각이 들었다.

물론 당시의 상황을 몰랐던 나는 뭔지 모를 이 어색함에서 벗어나고자 서둘러 시모나가 가져온 디저트를 먹자고 제안했다. 다행히 시모나의 디저트로 분위기는 빠르게 회복되었다. 함께 커피와 디저트를 즐기고 나니 어느덧 늦은 밤이 찾아왔다.

시모나에게 보란 듯이 시계를 가리키며 말했다.

"8시에 시작하니까 얼마나 좋아. 자정 전에는 돌아갈 수 있잖아."
"정말 그렇네."

하지만 역시나 보란 듯이 다음 약속을 다시 저녁 9시로 잡는 시모나였다.

작은 눈과 큰 코 사이

비가 엄청나게 쏟아져 내렸다. 발렌시아에서 폭우라니. 흔치 않은 일이었다. 마침 벤과 시모나를 저녁식사에 초대했기에 아침부터 분주한 날이었다. 어느덧 이런 저녁식사 준비도 발렌시아에서 두 번째를 맞게 됐다. 확실히 전보다 요리 준비에 자신감이 붙었다. 시모나에게 같은 음식을 대접할 수는 없다는 생각에 메뉴를 개편했다. 김밥과 잡채.

일전의 중국인 마트에 가서 당면과 김밥용 김을 사고 스페인의 일반 마트에 들러 나머지 재료를 구입했다. 한가득 장을 보고 집으로 돌아오는 길이 땡볕이었다. 친구들을 초대하고 대접하는 것, 같이 즐거운 시간을 보내는 것 모두 좋았지만 뙤약볕 아래 이 무슨 고생인가 싶어 이번 모임을 끝으로 더 이상 친구들을 부르지 말아야겠다는 생각이 들었다. 뭣보다 엘리베이터 없이 계단으로 그 짐을 다 들고 올라갈 때는 히말라야의 셰르파 소년이라도 된 기분이 들어 다시 한번 '현타'가 밀려왔다.

집에 도착해 짐을 풀어놓고 잠시 낮잠을 잤다. 스페인 생활의 백미는 뭐니 뭐니 해도 낮잠이었는데 아무리 자도 죄책감이 들지 않았다. 특히 한여름에 가까워져 갈수록 대낮은 너무 뜨거워서 집에 있을 수밖에 없었기 때문이다.

한숨 자고 일어나 지저분해진 방도 좀 정리하고, 다이닝룸도 쓸고 닦았다. '슬슬 음식 준비 좀 해볼까?' 하는데 바깥이 심상치 않았다. 날이 급격히 어두워지더니 금방이라도 비가 올 것 같은 하늘이 되었다. 밤이 되자 기다렸다는 듯이 비가 내렸다. 다행히 시모나는 빗줄기가 거세지기 전에 도착했다. 평소에 자전거를 타고 다니는 그녀에게 어떻게 왔냐고 묻자, 한 손으로는 우산을 들고 바구니 안에 파스타가 담긴 냄비를 얹은 채 자전거를 몰았다고 했다. '그건 거의 묘기 수준인데?'라고 하자 칭찬으로 받아들인 시모나는 별거 아니라는 듯이 미소를 지었다.

잡채는 오후부터 만들어 완성되었고, 김밥 재료도 다 준비되어 있어 말기만 하면 되는 상태였다. 그런데 벤이 나타나질 않았다. 시모나는 지난번 저녁식사와 동일한 콜드 파스타를 만들어 왔고, 면이 나비 모양으로 바뀌었다! 벤이 우리를 위해 피자를 만들겠다고 했었다. 시모나가 벤에게 연락을 했다. 벤은 우리 집으로 오는 길에 시장에 들러 몇 가지 재료를 사고 올 예정이었는데 큰비 때문에 나오질 못하고 있었다.

'홍수라도 난 건가?' 하고 창밖을 봤는데 정말 어마어마한 폭우가 쏟아지고 있었다. 하지만 폭우로 지하철 역사에 물이 차던 날도 출근을 했던 나는 이게 그렇게 못 올 일인가 싶기도 했다. 그런 나에게 약간의 경멸감이 생겼다. 이내 평소에 폭우를 모르고 살았다면 그럴 수도 있다고 생각하며 마음을 가다듬었다. 1시간은 기다렸던 것 같다. 시모나는 배고픔을 참지 못했고, 벤이 오지 않을 것 같다고 했다. 나에게는 시모나도 손님이었기 때문에 둘이서 먼저 저녁식사를 시작했다. 그리고 절반쯤 먹었을 때, 벤에게서 연락이 왔다. 더 이상 기다려도 빗줄기가 약해지지 않으니 그냥 출발하기로 했다는 것이었다. 우리 집에 필요한 재료가 몇 가지 있는지 확인한 그는 그로부터 1시간 뒤에 정말 처참한 몰골로 나타났다.

폭우를 온몸으로 맞은 듯했다. 생각해보니 나야 집에서 손님을 맞이했지만 그들에게는 악천후를 뚫고 와야 하는 상황이었다. 어쨌든 벤은 나타났고 저녁 2차가 시작되었다. 시모나는 벤이 올 것 같지 않다고 했지만 나는 혹시 모르니 조금만 먹고 있으라고 했고 미안, 시모나 다행히 벤이 온 덕에 우리는 제대로 식사를 이어갈 수 있었다. 벤도 배가 고팠던지라 피자에 앞서 먼저 준비된 김밥과 잡채를 먹었다. 벤도 시모나도 모두 훌륭한 요리라고 칭찬을 해줬다. 아침에 마음먹었던 저녁식사 초대 금지는 그걸로 다시 해제되었다.

벤이 이번엔 자기 차례라며 주방으로 갔다. 밀가루를 꺼내서 반죽을 시작한 그는 별거 아닌 듯이 뚝딱뚝딱 피자 도우를 만들기 시작했다. 벤이 요리하는 사이, 다이닝룸에 걸려있는 작은 칠판을 발견한 시모나가 거기에 나를 그려주겠다더니 분필로 슥슥- 나와 벤을 그려 넣었다. 이번엔 내가 답례로 시모나를 그려 넣었다. 요리를 다 끝내고 돌아온 벤은 칠판의 그림을 보더니 웃음을 터뜨렸다.

"푸하하. 시모나, 레나가 니 코를 엄청 크게 그렸어~!"

유럽에서는 큰 코에 대한 콤플렉스가 있다는 걸 몰랐던 나는 자연스럽게 얼굴에서 제일 눈에 띄면서도 나와는 다르게 생긴 시모나의 코를 커다랗게 그렸던 것이다. 그리고 그로부터 며칠 뒤에 로씨오가 집에 놀러 왔는데, 칠판의 그림을 보더니 이렇게 말했다.

"언니, 그림에 언니 눈이 아예 없는데요?"

"없긴, 잘 봐. 여기 있잖아~"

선 2개로 그려진 나의 눈이 보였다. 명백히 없지는 않았다. 다만 감고 있는 거로 보일 뿐.

"언니, 이거 인종 차별 아니에요?"

"무슨 인종 차별이야~ 나도 시모나 코 엄청 크게 그렸다고 벤이 놀렸어."

우리는 그렇게 많이 다른 사람들이었다. 하지만 뭐 어떤가. 눈 좀 작고 코가 크게 보이는 건 다른 걸 먼저 보는 인간의 본성인데! 우리의 본성은 이렇게나 같은걸.

벤의 피자는 정말 맛있었다. 한쪽에는 시모나를 위해 토마토 베이스에 양파와 치즈를 얹었고, 한쪽에는 고기와 양파, 치즈를 얹은 '하프 앤 하프' 피자가 나왔다. 얇은 도우와 심플한 재료의 피자여서 그런지 이미 김밥과 잡채를 먹고도 술술 잘 들어갔다. 시모나와 나의 칭찬이 이어지자 벤은 그날의 처참함은 잊은 듯 다시 자신감 넘치는 얼굴로 돌아왔다.

벤과 시모나는 여전히 투닥거렸는데, 이 모습을 다시 못 본다고 생각하니 아쉬워졌다. 사실 벤의 송별 저녁식사와도 다름없었는데 며칠 뒤에 그는 독일로 돌아갈 예정이었기 때문이다. 둘에게는 다소 험난한 하루였겠지만, 그래도 함께 저녁식사를 할 수 있어서 정말 다행이라는 생각이 들었다.

아쉬운 이별의 시간. '또 만나자'는 인사를 나는 제법 지키는 편이다. '벤, 또 만나자' 인사를 하고 벤을 보내주었다. 계단 밑으로 둘이 내려가는데 모습은 보이지 않았지만 어둡고 텅 빈 계단 밑에서 둘이 투닥거리는 소리가 들려왔다. 벤과 시모나를 배웅하고 돌아와서 셋이 함께 찍은 사진 한 장 남겨놓지 않았다는 사실을 깨달았다. 왜 그랬지…. 그러다가 불현듯 시모나와 내가 그린 칠판의 그림이 생각났다. 얼른 일어나 다이닝룸으로 가서 셋이 한자리에 있는 모습을 사진에 담았다.

찰칵.
근사하고 기억에 남을 사진이 나왔다.

속성 마드리드 투어의 전말

시모나와 자주 만나는 동안, 나는 가끔씩 사실은 꽤 자주 짜증을 부렸는데 그건 언제나 그랬듯이 힘들게 잡은 약속시간을 끝내 시모나가 지키지 않았을 때였다. 그런데 항상 모든 계획을 하늘 위에 뿌옇게 흩뿌려 놓듯이 던져버리는 그녀와 마드리드 여행을 함께 가기로 한 뒤 나는 엄청난 내적 갈등에 시달렸다. 그리고 어느 순간부터는 그냥 '이 여행은 확실하지 않다'라는 생각을 갖고 있었다. 언제라도 시모나가 못 갈 것 같다고 말했을 때, 실망하거나 상처받지 않을 준비를 하고 있었던 것이다.

시작은 여느 저녁처럼 만나 맥주 한잔을 하고 있을 때였다. 갑자기 시모나가 눈을 반짝이며 2주 뒤에 마드리드에 가고 싶다고 했다. 나는 배낭 여행으로 마드리드를 간 적이 있었지만 그다지 큰 매력을 느끼지 못했던 도시였기 때문에 그렇게까지 가고 싶다는 생각이 들지 않았다. 그래도 스페인까지 온 마당에 또 못 갈 것도 없다 생각한 나는 시모나의 제안을 받아들였다. 다만 언제 출발할지 날짜를 정하지 않고 미적거리는 그녀를 보면서 '괜히 같이 가겠다고 했나'라고 조금 후회가 들기도 했다.

그런 내가 그녀의 눈에 너무 무계획으로 보였던 것일까? 대략적으로 이쯤에는 마드리드에 가자고 이야기했던 주가 다가오자, 갑자기 그녀가 결정력을 발휘하기 시작했다. 그러고는 금요일에 출발하자고 했다. 불과 3

일 앞둔 상태였다. 나도 오전 수업을 마치고 오후에 가는 일정이라면 딱히 무리가 없었기에 받아들였다. 내가 교통편을 알아보고, 그녀가 숙소를 알아보기로 했다. 아직 학생이었던 시모나가 여행 비용을 아끼고 싶어 했기 때문이었다. 그녀에게 부담을 주고 싶지 않았던 나는 그녀의 선택을 존중하기로 했다.

하지만 너무 늦게 알아본 탓에 주말의 마드리드에서 저렴한 숙소를 구하기가 쉽지 않았다. 결국 시모나는 '카우치서핑'을 알아보겠다고 했다. 나는 벨기에 여행 이후 카우치서핑을 끊으려고 했는데 그 단어가 재등장해서 화들짝 놀랐지만, 여행 동행자의 의지나 의견을 무시할 수는 없었다. 우선 그 부분은 시모나에게 맡기기로 했다. 그래도 왠지 모를 걱정에 개인적으로 다른 숙소를 알아보고 있었다. 최악의 경우 내가 숙박비를 부담해서라도 어딘가에서는 묵어야 한다는 생존 의식이 강하게 들었기 때문이었다. 그런데 여행 전날 시모나는 보란 듯이 마드리드에서 우리에게 방 한 칸을 내어줄 호스트를 기어코 찾아냈다.

[레나, 마드리드에서 우리가 머물 곳을 찾았어! 일단 사람들의 후기가 너무 좋아!]

평소 시니컬하다 못해 까칠한 시모나가 누군가의 배려에 마음이 풀렸는지 모처럼 밝은 메시지를 전해왔다.

마드리드로 출발하는 날이 밝았다.

발렌시아에서 마드리드로 가려면, 비행기 혹은 기차 이동이 가장 빠르다. 하지만 우리의 선택은 비행기도, 기차도 아닌 '블라블라카BlaBlaCar'였다. 블라블라카는 카셰어링의 에어비앤비 격인 플랫폼이다. 어떤 지점에서 다른 지점으로 이동할 예정인 사람이 '언제, 몇 시에 어디로 갈 예정이고 셰어링은 얼마에 가능'이라고 게시물을 올리면 이동수단이 필요한 사람이 신청하는 방식이다. 루트가 잘 맞고 운이 좋으면 집 앞에서 탑승해서 목적지 바로 앞에서 내릴 수도 있지만, 대부분은 차주의 원래 목적지 루트 안에서 움직이게 된다.

나는 출발 며칠 전부터 블라블라카를 예약하기 위해 찾아보고 있었다. 발렌시아-마드리드는 이동하는 사람들이 많았기에 찾는 데 어려움을 겪진 않았다. 짧디짧은 스페인어로 '나와 내 친구를 차에 좀 태워다오'라고 보내자 친절하게 답변이 왔다. 그렇게 거래가 성사되었다. 시모나의 숙소 예약(?)도 완료되었고 반신반의했던 이 짧은 여행이 정말 시작하려 했다. 우리는 마드리드 안에서 무엇을 할지에 대해 정하지 않았지만, 나는 하루는 당일치기로 톨레도Toledo라는 도시를 다녀오고 싶어 시모나에게 이야기했다. 하지만 시모나는 크게 관심이 없는 듯 '그래. 마드리드에 가서, 보면서 결정하자'라는 식이었다.

블라블라카의 운전자인 비센떼Vicente를 만났다. 우리 말고도 1명의 동승자가 더 있었다. 시모나는 그날도 여지없이 조금 늦게 와서 나를 당황하게 했다. 다행히 젊은 대학생들인 그들은 크게 개의치 않는 것 같았다. 그렇게 넷은 마드리드로 출발했다. 그동안 여행을 다니면서 유럽 내의 도시와 도시를 이동할 때는 대부분 비행기 혹은 기차로 움직였기에 차로 바깥 풍경을 보면서 가는 것은 색다른 느낌이 들었다. 함께 동승한 사람들이 스페인사람이라는 것도 마음에 들었다.

얼마나 달렸을까. 어느 순간 끝없이 펼쳐지던 허공은 사라지고, 작은 건물들이 나타났다. 바로 마드리드였다. 아직 마드리드 중심부와는 거리가 멀지만, 어느 주택가의 메트로역 앞에서 우리를 내려주고 비센떼는 제 갈 길을 떠났다. 시모나가 숙소까지 어떻게 가야 하는지 미리 조사해 둬서 바로 메트로에서 티켓을 구매하고 우리의 호스트가 머무는 집을 찾아서 움직였다.

가는 길에 시모나가 호스트에 대해서 설명해주었다. 안토니오Antonio라는 아르헨티나 출신의 남자이고, 함께 거주하는 친구가 있으며, 집에는 아무도 쓰지 않는 게스트룸이 하나 있다는 것. 그리고 안토니오에 대한 평이 하나같이 좋다는 것! 그게 시모나가 알고 있는 정보의 전부였다. 그리고 그날 메고 온 배낭을 열어 무언가를 자랑스럽게 보여주었다. '아구아 데 발렌시아Agua de Valencia'라는 발렌시아 특산물 같은 술이었다. 생각지 못한 시모나의 센스와 마음 씀씀이에 나도 모르게 한국말로 "잘했어~ 잘했어."가 절로 나왔다.

안토니오의 집은 메트로에서 걸어서 15분쯤 걸리는 곳에 있었다. 깨끗하고 조용한 주택가의 모습이 발렌시아와는 사뭇 다른 느낌이 들었다. 시모나가 어떤 빌라(?) 앞에서 멈춰 섰다. "여기야." 5층 정도 돼 보이는 건물이었는데 가운데 공동현관문이 있고, 계단을 타고 위로 올라가면 복도 양옆으로 집이 있는 구조였다. 몇 층인가를 올라가 어느 집 앞에서 시모나가 벨을 누르자 호스트인 안토니오가 반갑게 우리를 맞아주었다. 우리가 머물 방을 안내받아 짐을 내려놓았다.

시모나는 준비해 둔 '아구아 데 발렌시아'를 꺼내 들고 안토니오에게 갔다. 우리를 초대해 줘서 고맙다며 선물하자, 안토니오의 얼굴이 미묘하게 움직이는 게 기분이 좋아 보였다. 안토니오는 오후에 별다른 일정이 없고 집에 있을 예정이니 우리만 괜찮다면 마드리드 안내를 해주겠다고 선뜻 나섰다. 그렇게 갑자기 계획에 없던 현지인 가이드가 우리 앞에 나타났다. 메트로를 타고 마드리드 중심부로 이동해서 관광 명소들을 훑고 다녔는데 그때마다 안토니오가 간단히 설명해주고 그걸 시모나가 내게 다시 통역해 주었다. 그녀가 중간에서 고생이었다.

걸음이 정말로 빨랐던 안토니오는 쉴 새 없이 우리를 다른 곳으로, 또 다른 곳으로 안내해주었다. 속성 마드리드 투어에라도 온 것처럼 우리는 불과 몇 시간 만에 수많은 관광지를 돌았다. 어느 시점부터 나는 조금 지치기 시작했다. 우리는 지금 막 발렌시아에서 도착한 데다가 4시간 동안 차에 앉아만 있었지만 여행의 일정을 미리 짜기는커녕 공부도 안 하고 온 게으른 여행객들이었다. 부지런히 돌아다닐 의지가 없다는 의미이다. 심지어 시모나는 평소에도 저녁 9시 이전에는 잘 나오지도 않고 집에 처박혀 있는 애인데. 그녀의 얼굴에도 지친 기색이 역력했다. 둘은 점점 말을 잃어갔고, 안토니오는 끝없이 우리를 어딘가로 안내했다.

금요일 저녁인 탓에 어느 순간 거리에는 사람들과 차들이 쏟아져 나왔다. 인구 천만의 대도시 서울에서 온 내가 발렌시아에서 몇 달 좀 있었다고 마드리드의 흘러나오는 인파에 입이 벌어졌다. 거리 하나를 지나가려고 해도 사람들과 어깨를 스치며 줄지어 가는 모습에 더욱 지쳐갔다.

이대로 돌아가서 쉬고 싶었다. 하지만 거기서 끝이 나지 않았다. 안토니오는 금요일 저녁에 벌어지는 야시장이 있다며 우리를 안내했다. 유럽 내의 야시장이라니. 나도 귀가 솔깃했다. 저녁 9시면 다들 집으로 돌아가는 게 유럽인 아니었던가. 물론 스페인사람들은 저녁 9시나 10시쯤 돼야 나와서 술 한 잔씩 하는 게 일상이지만.

정확한 이름은 기억이 안 나지만 사실 이날 우리가 방문한 대부분의 곳이 기억이 나질 않는다. 야시장에 도착했다. 유럽 내에서는 정말 진귀한 구경거리였다. 언젠가 대만이나 홍콩에 갔을 때 본 적 있는 야시장과 똑같았기 때문이다. 거의 유럽 속의 홍콩과 대만을 본 것 같았다. 하지만 이미 너무 지쳐 있어, 더 이상 무엇을 봐도 눈에 들어오지 않았다. 그렇게 우리는 밤 11시까지 시장을 헤매다 자정이 넘어 집으로 돌아오게 되었다. 시모나와 나는 침대 위에 나란히 걸터앉아 말없이 멍을 때렸다. 그때 갑자기 시모나가 결심한 듯 말했다.

"레나, 내일은 네 말대로 톨레도에 가자."

"오올… 시모나 갑자기 왜 이래? 네가 언제부터 내가 하자는 대로 했어?"

"안토니오가 우리를 데리고 마드리드 관광을 가고 싶어 해."

"뭐??? 오늘도 갔잖아!!!"

밖에 들릴까 조용히 낮은 목소리로 소리쳤다. 시모나는 곤란하다는 표정으로 이야기를 이어나갔다.

"그게 끝이 아니었어. 안토니오는 사람들을 초대하고 안내해주는 걸 진심으로 좋아하는 사람이야. 그런 그에게 감사하지만 나도 조금 힘들어."

하루 종일 안토니오 옆에서 안내를 듣고 그걸 통역까지 한 이것도 어느 순간에는 지쳐서 더 이상 하지 않았지만 시모나는 나보다 더 지친 듯했다. 그렇게 우리는 첫째 날 밤 방안에서 속닥속닥 다음 날 아침 일정을 속전속결로 정하게 되었다.

우리는 마드리드를 벗어나 톨레도로 가기로 했다.

오디오가 없는 시간이 필요해

마드리드에서의 둘째 날 아침, 안토니오는 아침에 간단한 빵과 커피를 내주었다. 미안한 마음이 들어 밖에서 먹으려 했는데 나갈 채비를 하고 거실로 나와보니 시모나가 어느새 식탁에 앉아 안토니오와 아침을 먹고 있었다. 쭈뼛쭈뼛 그 옆자리에 앉아 커피를 홀짝였다. 난 아무래도 마음이 불편하기만 했다.

그 와중에 시모나가 식탁 위에서 무언가를 보여주며 설명하기 시작했다. 바로 캐러멜을 녹인 듯한 비주얼의 둘세데레체Dulce de leche였다. 실제로 둘세데레체는 우유로 만든 캐러멜 같은 것으로, 잼처럼 빵에 발라 먹기도 한다고 했다. 아르헨티나를 비롯한 중남미 지역의 대중적인 음식이라고 한다. 그래서 그런지 아르헨티나 출신인 안토니오는 스페인 마드리드에 살면서도 둘세데레체를 가지고 있었다. 마치 냉장고에 고추장을 넣어둔 발렌시아에서의 내 모습을 보는 것 같았다. 빵 한 조각에 발라 먹으니 잠이 확 달아날 정도로 달디단 맛이 혀끝으로 전해졌다. 가끔 너무 단것을 먹으면 어떤 의미로 굉장히 자극적이어서 코피가 날 것 같은 기분이 드는데 둘세데레체가 그런 느낌이었다.

마음은 불편했지만 아침도 먹었겠다, 서둘러 톨레도로 향하기로 했다. 마드리드의 버스터미널로 가서 톨레도행 티켓을 구하고 줄을 섰다. 한참이나 늘어선 줄에는 한국인 관광객이 정말 많았다. 반가운 마음도 잠시 시모나와 나는 버스에 타서 내릴 때까지 숙면에 빠졌다. 그랬다. 우리는 정말 피곤했다.

어느덧 톨레도에 도착한 버스. 버스에서 내려서부터는 꽤 오르막길을 올라야 한다. 톨레도는 중세시대에 만들어진 스페인의 옛 수도이다. 도시 주변에 강이 흐르고 고지대에 성벽을 쌓아 그 안에 오밀조밀하게 한 도시 가 형성되어 있어서 요새 안에 들어와 있다는 느낌이 들었다.

도시로 들어서는 초입 바닥에는 "유명한 화가 엘그레코(El Greco, The Famous Painter)"라는 글자와 팔레트를 든 남자 캐릭터가 그려져 있었다. '그레코(Greco)'는 이탈리아어로 그리스인을 의미하는데 여기에 영어의 'The'에 해당하는 정관사 '엘(El)'을 붙여 이름 대신 불렀던 것이다. 그런 그가 자신의 작품마다 본명을 강조해서 넣었다는 걸 보면 별명이 그다지 마음에 들지 않았던 것 같다.

화가의 이름은 '도메니코스 테오토코플로스 (Doménikos Theotokópoulos)'라고 한다. 왜 스 페인사람들이 멀쩡한 이름을 놔두고 '엘그레코'라는 별명으로 불렀는지 알 것도 같았다.

도시 곳곳의 바닥에 엘그레코의 캐릭터가 그려져 있던 것은 톨레도의 '산토 토메 성당'에 그가 그린 유명한 걸작이 전시되어 있어서였다. 그 덕에 나도 한 명의 화가를 알아가게 되었다.

우선 톨레도를 한눈에 바라볼 수 있는 전망대로 향했다. 스페인은 흙으로 구운 기와를 지붕에 사용하는데, 한 가지 색으로 통일한 게 아니라 가까이서 보면 기와 한 장 한 장이 어떤 것은 벽돌색, 어떤 것은 밤색, 어떤 것은 좀 허연 색을 띠고 있어 모자이크 같은 인상을 줬다. 특정 색으로 부를 수 없는 오묘함. 그런 느낌이 차곡차곡 모여 전망대에서 바라보는 톨레도의 모습은 차분했다. 컬러의 영향인지 정말 그날의 기후 때문이었는지 건조함도 느껴졌다. 마치 수분이란 걸 머금고 있지 않은 듯한.

우리는 전망대 근처의 벤치에 앉아 한참을 멍하니 있었다. 아무런 말없이 그저 내리쬐는 햇빛을 받으며 가만히 주변을 바라보았다. 이제 고작 이틀째인 여행이었지만, 우리에겐 잠시 이런 시간이 필요했다. 아무것도, 아무 말도 하지 않는 무위의 시간.

점심을 먹은 후엔 톨레도의 구시가지를 돌아다녔다. 시모나는 톨레도에 오면 들려본다는, 대성당이나 군사박물관 같은 관광객이 많이 찾는 곳은 그다지 관심이 없어 보였다. 그도 그럴 것이 평생을 로마시대에 세워진 다리, 중세시대에 지어진 도시, 고딕풍 성당 이런 걸 보고 자라면 감동이 무뎌지는 것 같았다. 사실 어느 순간부터 나도 성당에 대한 흥미가 급격히 줄어들었는데 그 대신 이슬람의 스페인 지배 역사의 흔적인 모스크이슬람사원에는 그렇게 관심이 갔다. 아직 잘 모르는 미지의 것, 눈에 익숙하지 않은 낯선 것에 대한 호기심 때문이었다.

시모나는 첫 만남에서의 어딘가 차가운 인상부터, 나와는 상극인 자주 지각하는 버릇까지 잘 맞지 않을 거라 생각했는데 의외로 좋은 동행자였다. 우리는 오디오가 없는 공백아무도 말을 하지 않는 시간을 불편해하지 않았고, 그 누구도 체력이 그리 강하지 않았다. 그래서 그런지 둘은 부지런히 찾아다니지 않아도 여행은 성립한다는 생각을 갖고 있었다. 중간중간 간식거리도 사 먹고, 어제의 피곤이 풀리지 않는다며 함께 커피를 마시고 상점들을 구경하고 나니 어느새 오후가 다 가고 있었다. 다시 마드리드로 돌아가야 할 때였다.

버스에 앉아 창밖 풍경을 보았다. 톨레도로 향할 때는 너무 피곤해서 창밖을 감상할 생각을 못 했는데 오히려 돌아올 때는 피곤함이 사라진 듯했다.

그때 갑자기 시모나가 이야기했다.

"레나, 안토니오랑 함께 사는 친구가 파티에 초대한다고 하는데 갈래?"
"…… 갑자기 다시 피곤해진 것 같아…."
"그러지 말고 잘 생각해 봐. 우리는 마드리드에 왔고 안토니오는 그냥 친절한 사람일 뿐이야. 우리에게 많은 걸 보여주고 싶어 하는 친절한 사람. 그렇지만 네가 싫으면 가지 말자."

마지막 말에 살짝 오기가 발동했다. '그래 가자, 가. 가보자' 이런 마음.
결국 우리는 마드리드 버스터미널에서 내려 그길로 바로 안토니오와 합류해서 그의 친구가 여는 파티 장소로 향했다. 누구의 집인지 마치 스튜디오처럼 넓은 곳이었다. 사람들이 워낙 많고 스페인의 대부분의 파티가 그러하듯 친구의 친구의 친구들이 모였을 그 파티 안에서 더 이상 사람들은 상대가 어떤 경로로 오게 되었는지에 대해 물어보지 않았다. 그 덕에 다시 오디오 속에 던져진 우리도 카우치서핑과 안토니오 그리고 안토니오의 친구로 이어지는 구구절절한 사연을 말하지 않아도 되었다.
그렇게 낯선 분위기 속에서 몇몇 사람들과 대화를 나누고 맥주를 마시는 사이에 시간이 꽤 흘렀다. 누군지도 모르는 사람들이 그렇게 많았는데도 나에게로 오는 맥주가 있었다는 것도 놀라움의 하나였다. 결국 메트로도 끊긴 시간에 나온 우리는 심야버스를 타고 다시 안토니오의 집으로 돌아왔고 그렇게 마지막 날 밤이 지나갔다.

타인의 집에서, 타인이 있는 '집'으로

　간밤의 파티 여파로 늦은 아침을 맞이했다. 집으로 간다는 생각에 조금
은 기쁜 마음마저 들었다. '이럴 거면 왜 떠나온 거야'라는 마음이 슬며
시 고개를 들려고 했지만, 다시 나갈 채비로 손이 바빠지자 잠시 잊었다.
우리가 묵었던 게스트룸 앞에는 안토니오와 함께 사는 친구의 방이 있었
는데 그날따라 방문이 열려 있었다. 조심스레 들여다본 방안은 실로 믿기
지 않는 광경이었다. 엄청난 양의 옷들이 여러 개의 산을 이루고 있었다.

　놀란 마음을 감추고 거실로 가보니, 발코니에서 누군가 흡연을 하고 있
었다. 바로 그 엄청난 방의 주인이자 그렇게 만든 장본인. 바로 그였다. 이
름이 기억나지 않는다. 자세히 보니 간밤의 파티에서 그를 만난 기억이 났다. 그
는 자신을 소개할 때 스페인사람인 아버지와 아르헨티나사람인 어머니
사이에서 태어난 혼혈인인걸 가장 먼저 이야기했다. 그리고 덧붙이길 다
른 것들이 섞였을 때 대단한 것들이 나오는데, 그게 바로 자신이라는 것
이었다. 정말 대단한 방을 해놓고 살았던 이 방의 주인공임을 전날에 알
았더라면 그의 대단함을 함께 공감해줬을 텐데 아쉬울 뿐이었다.

　마지막으로 집을 나오며 안토니오와 그의 친구에게 감사하다는 인사를
했다. 정말 감사한 일이었다. 처음 보는 여행객에게 자신의 방 한 칸을 내
어주는 것도 모자라 자기가 사는 도시를 직접 안내까지 해주고 파티에 초

대해주는 일. 아무나 할 수 없는 일이다. 그치만 이 여행이 끝난 지 얼마 되지 않았을 때까지도 나는 안토니오의 그런 행동과 친절이 결과적으로 우리를 불편하고 힘들게 만들었다고 생각했다. 그래서 그가 친절하면 할수록 내 마음의 불편함은 커져 가기만 했고, 그 불편한 마음에 대한 화살을 안토니오에게 돌렸다.

지금 돌이켜보면 우리가 느낀 불편함도, 그의 넘치는 친절함도 모두 여행의 일부였을 뿐이었다. 상대의 친절이 나의 체력 대비 과했을 때 속도를 맞추어 달라고 부탁했으면 좋았겠지만 그러지 못한 건 내가 아닌가. 지금도 누군가에게 마음씨 좋은 가이드이자 호스트 역할을 하고 있을 안토니오가 행복하게 지내고 있길 바랄 뿐이다.

모두가 피곤한 아침이었기 때문에 우리는 서둘러 안토니오의 집을 나왔다. 그들에게도 편안하게 숙취를 해소할 시간이 필요할 것 같았다. 우리는 마드리드 중심부로 나와 아침 겸 점심식사를 하고 오후에 무엇을 할지 이야기했다.

나는 당시로부터 약 10년 전에 마드리드의 프라도 미술관Museo del Prado을 다녀간 적이 있었는데 그때 고야의 그림을 실제로 보고 너무 놀랐던 기억이 있다. 넓은 미술관 안을 관람하며 여기저기 걸어 다니던 나는 저 멀리 전시실 통로를 통해 중세시대 복장을 하고 서있는 어떤 남자를 보았다. 뭐지? 하고 점차 다가가다 멈춰 서서 보니 그것은 실제 사람이 아니라 고야의 명화 중 하나인 〈카를로스 4세 가족의 초상The Family of Charles IV〉이었다. 고야가 붓끝으로 그려낸 인물이 미술관 내를 걸어 다니고 있다고 착각하는 신비로운 경험을 하고 나니 그의 그림에서 엄청난 생동감이 느껴졌다. 그 선명한 기억을 추억하며 발렌시아로 돌아가기 전 프라도 미술관을 꼭 다녀오리라 계획했었다.

　시모나는 이탈리아에서 오는 친구를 만나고 마드리드에서 하루를 더 보낼 예정이었다. 그녀 역시 프라도 미술관을 가고 싶어 했지만 폐관 1시간 전에 들어가면 무료입장이 가능하다며 저녁에 혼자 들르겠다고 했다. 그래서 우리는 점심을 먹고 그 자리에서 나머지 시간을 잘 보내라 인사하고 헤어졌다. 미술관을 같이 관람하면 좋았을 테지만 그녀의 선택도 존중했고, 그게 주어진 시간 안에 내가 할 수 있는 최선의 선택이라고 믿었다. 정말 그런 줄만 알았다.

일요일 오후의 프라도 미술관은 정말 사람 반, 그림 반으로 인산인해였다. 대부분의 관광 명소들이 그러하겠지만 뱀처럼 늘어진 긴 줄에서 오랜 시간 대기한 후, 인천 공항 출국장을 연상케 하는 엄청난 보안의 짐 검사 후 입장할 수 있었다. 막상 티켓을 구매해서 안으로 들어가니 입구에서 전시실까지는 웬만한 초등학교 운동장 규모의 거리를 통과해야만 했다. 5월의 마드리드는 이미 부글부글 끓고 있었고 따갑게 내리쬐는 뙤약볕을 온몸으로 맞을 자신이 없다면 조금 돌아가더라도 지붕 밑 길을 이용하는 것이 바람직했다.

노천을 가로지르는 대신 지붕이 있는 길을 돌아서 전시실로 이동했다. 그런데 전시실 입구 앞에서 갑자기 메고 온 배낭을 라커에 넣고 오라며 제지하는 것이 아닌가. 입장하는 데만 1시간이 넘게 걸렸는데 정작 들어갈 수가 없자 화가 올라왔다. 하지만 눌러 내리고 나를 제지한 관리인에게 라커의 위치를 물었다. 그는 가장 가까운 곳을 알려주었다. 다행히 입구까지 다시 가지 않아도 되었지만 거기도 그다지 가깝지는 않았다. 그래도 아까 건너온 그 운동장을 다시 지나지 않아도 된다고 생각하니 참을 만했다. 이내 그가 알려준 라커를 찾아 배낭을 넣으려고 하는데, 어쩜 라커를 사용하기 위해선 이번엔 동전이 필요했다! 주변을 아무리 둘러봐도 동전교환기 하나 보이지 않았다.

다시 전시실로 돌아가 이야기했다. '동전이 없어서 라커를 이용할 수 없었다. 동전교환기도 그곳에 없었다. 당신이 동전을 바꾸어 줄 게 아니면 나를 그냥 들여보내 달라'라고. 그는 단호하게 안 된다며 다시 입구로 가서 지폐를 동전으로 교환하고 배낭을 라커에 맡기고 돌아오라고 했다.

시간은 계속해서 흘러갔고, 며칠간의 피로로 체력은 바닥이 났다. 나는 그길로 입구로 다시 돌아가서 티켓을 환불해 달라고 했다. 티켓을 구매하고 전시실 들어가지도 못했다고 이야기하자 의외로 순순히 환불해 주었다. 밖으로 나와 그늘 밑에 들어가 잠시 앉아있었다. '마드리드에서 일어나는 일은 왜 이렇게 다 피곤한 거야….'라는 생각뿐이었다. 시모나에게 연락했다. 다행히 근처에 있었던 그녀와 다시 만났다. 불과 몇 시간 전 아쉬운 작별인사를 한 것이 무색해졌다.

우리는 다시 프라도 미술관 인근의 거리를 배회했고 그러다 한 퍼레이드 행렬을 만났다. 피곤은 퍼레이드의 흥도 이긴다. 즐겁지 않았다. 어서 빨리 집으로 가고 싶은 마음만 굴뚝같았다. 그래도 시모나를 만나 이야기할 수 있어 다행이라는 생각이었다. 그녀에게 방금 있었던 일을 실컷 털어놓고 나니 확실히 내가 느끼던 것보다 별일 아니라는 생각이 들었다. 그리고 이미 나는 오래전이지만 프라도의 감동을 한차례 느끼지 않았던가.

집으로 돌아갈 시간이 다가왔다. 돌아가는 교통편 역시 블라블라카에서 찾았는데 어딘가 익숙한 이름이 보였다. 마드리드로 올 때 우리를 태워줬던 비센떼가 다시 발렌시아로 돌아가려 하고 있었다. 반가운 마음에 다시 연락을 했다. 나 말고 두 명의 동승자가 더 있었는데 다들 스페인사람들이라 빠르게 이야기하는 그들의 대화에 끼어들기는커녕 알아듣기도 힘들어서 다시 잠에 들었다. 주말 저녁이라 돌아가는 길은 도로가 은근히 막혔다. 마드리드에서 5시쯤 출발했는데, 발렌시아에 도착하니 10시가 지나 있었다. 피곤에 피곤이 쌓여 정신이 나갈 것만 같았다. 차에서 내리자마자 분주히 걷기 시작했다.

'집. 집. 집. 집. 집.'

빨리 집으로 가고 싶다는 생각밖에 없었다. 정말 내가 할 수 있는 최대의 속도로 걸어서 집으로 향했다. 집에 도착해 짐을 풀고 샤워를 하고 침대에 앉으니 모든 것이 빠르게 제자리로 돌아온 것 같았다. 여행을 갔던 나는 다른 존재였던 것처럼 빠르게 무언가가 빠져나갔다. 잠시 숨을 돌리고 스마트폰을 보니 마르타에게서 온 연락이 있었다.

[레나, 너에게 할 말이 있어. 놀라지 마. 내가 전에 이 집을 에어비앤비에 올렸다가 내렸는데 제대로 내려지지 않았나 봐. 며칠 전 누군가가 예약을 걸어서 내가 승낙을 해버렸어. 그들은 내 방에서 지내고 있고 내일이면 떠날 거야. 나는 오늘 친구네 집에서 자고 갈게.]

평소 같으면 이런 사안에 예민했을 수도 있었겠지만, 나는 그날 아침까지 카우치서핑으로 돈 한 푼 내지 않고 남의 집에서 자고 온 사람이 아니던가. 마르타에게서 연락을 받은 지 얼마 되지 않아 에어비앤비 게스트들이 들어왔다. 그들은 이미 1박을 한 상태였다. 마르타가 자기 방을 내주고 전날 밤에는 내 방에서 지낸 모양이었다.

　새로 온 게스트들은 마드리드에서 유학 중인 중국인 여학생 셋이었다. 내가 방금 마드리드 여행에서 돌아왔다고 하자 서로 엇갈리게 여행했다며 소녀처럼 웃는 학생들을 보니 마르타와 토마사가 있는 완벽한 집이 아닌데도 마음이 불편하지 않았다. 그들은 발렌시아에서 마지막 밤을 와인과 수다로 보내는 것 같았지만 내 방과는 거리가 떨어져 있어 전혀 시끄럽다는 생각이 들지 않았다. 또 한 번 피곤함이 여행자의 흥을 이기는 순간이었으리라. 그렇게 타인들이 있는 '집'으로 돌아왔다.

　[레나, 이것 봐. 넌 오늘 프라도를 돌아봐야 했어.]

　막 자려는데 시모나에게 메시지가 도착했다. 프라도 미술관에서 찍은 고야의 명화들이 잔뜩 들어 있었다. 시모나에게 은근 사람 놀리는 데 재주가 있다고 다시금 느끼게 되는 포인트였다.

　고오맙다, 지지배야. 물론 답장은 보내지 않은 채 읽씹으로 남겨두고 쏟아지는 잠 속으로 빠져들었다.

완벽하지만은 않은 현지인

어느 날 눈 떴는데 지구가 아닌 다른 세계에 와있는 것 같은 기분이 드는 곳. 말 그대로 기기묘묘한 기암괴석들이 솟아 올라있는 그곳은 터키의 중부도시인 카파도키아Cappadocia였다.

카파도키아에서 벌룬투어를 하는 것이 나의 여행 버킷리스트 중 하나였다. 카파도키아에 도착한 첫날은 꽤 이른 아침임에도 불구하고, 새벽부터 시작하는 벌룬투어는 이미 출발한 뒤였기 때문에 기회를 놓쳐버렸다. 이 허허벌판 동네에서 도대체 무엇을 해야 하지…. 이 작은 마을엔 무수히 많은 바위와 길거리에 의자와 테이블을 두고 장기를 두는 할아버지들 외에는 그 흔한 상점조차도 보이질 않았다. 낙심하고 있을 때 호텔 직원이 카파도키아 트래킹투어를 추천해주었다. 가이드와 함께 도보로 카파도키아의 기암괴석을 투어하는 여행이라고 했다. 어차피 하루는 길고 할게 없었다. 혼자 봐봤자 다 똑같이 생긴 바위들. 투어에 참가하기로 했다.

하나둘 참가자들이 도착하면서 투어에는 총 6명의 사람이 모였다. 그중 넷이 한국인이었다. 어머니와 함께 여행 중이던 사라언니는 미국에서 유학 중이었고. 또 다른 한국인은 호주에서 왔다고 했다. 각자의 이유로 타지에서 살고 있는 한국인들이었다. 헤어지기 아쉬운 마음이 들어 투어가 끝나고도 다 같이 저녁 시간을 보냈다. 넷이 모이니 주문하는 요리가 풍성해져서 다들 기분 좋은 식사를 즐겼다. 레스토랑의 주인은 터키의 술이라며 '라이언 밀크'[10]를 마술이라도 되는 양 보여주며 한 잔씩 마셔 보라고 건네주었다. 술도 잘 마시지 않는 나라에서 이렇게 도수 높은 술을 즐기다니. 그렇게 지구 아닌 다른 행성에 고립된 것 같던 카파도키아에서의 밤이 기대했던 것보다 시끌벅적하게 지나갔다.

그리고 다음 날 이어진 벌룬투어와 트래킹투어에서 사라언니와 언니의 어머니와 또 만나게 되었다. 이렇게 잦은 우연을 겪고 나니 나중에 헤어질 무렵엔 정말 아쉬운 마음이 들었다. 또 만날 것 같은 기분이 들기도 했다. 물론 두 모녀는 그 이후에 그리스로 떠나면서 더 이상 터키에서 마주치지는 못했다.

그리고 몇 년 뒤, 사라언니를 정말로 또 만났다. 바로 스위스의 제네바에서. 터키에서 만난 이후로 SNS를 통해 계속 연락하며 어떻게 지내는지 알고는 있었지만 여행에서 겨우 한 번 본 사이였는데 만나자고 연락해봐도 될까 잠시 고민했다. 하지만 그런 고민은 나와 어울리지 않는다. 아니면 못 만나는 거지 뭐.

여행 중에 만난 사람을 다시 만나는 건 어쩐지 묘한 기분이 들게 한다. 살아온 과정의 그 어떤 공유도 없이 굉장히 특수한 상황에 놓였을 때 생긴 친분이라 쉽게 그 관계가 유지되진 않았다. 하지만 홀로 여행을 자주 다니다 보니 여행 중에 알게 된 사람들이 늘어났고, 그 모두와 친구가 될 수는 없었지만 어쩐지 연락을 하고 지내고 어떻게 지내는지 궁금한 사람들이 있었다. 그리고 그런 사람들과 다시 만나는 일이 즐거웠다.

우리는 타지의 이방인으로 언어도, 음식도, 그곳에서 할 수 있는 대부

---

10. 알코올 도수가 높아 이 술에 물을 부으면 우윳빛깔처럼 하얗게 변한다고 해서 붙여진 이름의 술.

분의 것들에 서투른 어린아이와 같은 상태로 만났다. 그런 그들을 그들의 공간, 일상에서 만난다는 것이 어쩐지 내가 알던 어린아이가 갑자기 어른이 된 것 같은 기묘한 감정을 느끼게도 했지만 마음이 놓이기도 했다. 그들도 다른 곳에서는 완벽하지 않다는 것을 알고 있기 때문인 것 같다. 그저 완벽하지만은 않은 현지인. 나의 서투름을 포용해 줄 수 있는 사람. 나는 그런 경험을 공유하고 있는 사람들에게 마음이 끌렸다.

사라언니와 나는 레만호의 선착장에 지어진 레스토랑에 갔다. 현지인들이 가족 단위로 테이블을 촘촘히 채우고 있었다. 관광객이 없는 곳에 온 관광객은 괜히 기분이 좋으면서도 멋쩍었다. 하지만 이내 레만호와 스위스의 청량한 공기를 즐기며 식사를 했다. '혼자는 이런 곳에 못 왔겠지?'라는 생각이 스쳤지만 혼자 떠난 여행에서 언니를 알게 되었고, 또 혼자 왔기에 이곳에서 언니를 다시 만날 수 있었던 것이라고 생각하니 혼자 하는 여행의 매력의 깊이는 어디까지일까 싶어지기도 했다.

완벽하지 않은 현지인과의 하루가 끝나고 다시 아쉬운 이별의 시간이 왔다. 언니가 말했다.

"우리 또 볼 수 있을 것 같아! 그게 어디인지 모르겠지만!"

나는 이 말이 정말 마음에 들었다. 숙소로 돌아와서 곱씹어도 너무 좋은 말이었다.

이 길이 맞나 의심이 들 때쯤

바젤에 도착해서는 돌로레스Dolores와 만나기로 했다. 그녀와는 스페인 발렌시아의 어학원에서 알게 됐다. 돌로레스는 의사로 일하는 중년 여성으로 스위스 바젤에 살고 있었다. 언젠가 스위스에 오면 연락하라고 했는데, 정말로 그로부터 한 달 뒤 내가 스위스에 가게 된 것이다. 돌로레스에게 이메일을 보내자, 그녀는 흔쾌히 자신의 집에서 머무르다 가라고 답장해 주었다. 스위스의 물가를 생각하면 거절할 수 없는 솔깃한 제안에 넙죽 감사하다고 인사하고 그녀의 집에 가게 되었다.

그렇게 비가 내려 축축한 듯한 비가 내리지 않았음에도 컬러가 도는 바젤의 상점가 거리에서 돌로레스를 기다린 지 20분 정도 흘렀을까. 그녀와 그녀의 남편인 '쥴리앙'이 멀리서 보였다.

돌로레스와 쥴리앙 부부를 만난 나는 라인 강 주변의 한 야외 카페에서 이른 저녁을 먹었다. 둘 다 의사였던 부부의 세 자녀 역시 의대생이었다. 이렇게 온 가족이 의사 혹은 예비 의사라니 어딘가 신기하기까지 했다. 저녁을 먹는 사이 근처에 살고 있는 돌로레스의 딸이 잠깐 들렀다. 돌로레스와 웃는 모습이 너무 닮아 그녀의 어린 시절을 상상하게끔 했다. 그녀는 간단히 인사한 후 돌아갔고 우리도 바젤 시내를 돌아다니게 되었다.

　사실 나는 이미 오전에 제네바에서의 이동, 아트바젤 관람 그리고 비트라 하우스까지 돌아다니느라 체력이 바닥나 있었지만 돌로레스와 쥴리앙은 내가 아트바젤을 보기 위해 스위스까지 온 걸 보고 예술에 대한 엄청난 열정과 조예를 갖고 있다고 생각했던 모양이다. 그렇게 우리는 길거리 아트바젤을 다 정복할 기세로 시내를 둘러보게 되었고 결과적으로 좋았던 것은 바젤 시내를 속성으로 다 볼 수 있었다는 것.

　밤이 되어서야 우리는 돌로레스의 집으로 돌아갔다. 방에 들어가 짐 정리를 하고 거실로 나오니 둘은 어느새 마티니를 즐기고 있었다. 함께 마티니 한 잔을 마시며 담소를 나누자 피곤이 밀려왔다. 쥴리앙이 '바젤에서 가장 하고 싶은 것'이 무엇인지 물어보았다. 나는 '롱샹성당'에 가고 싶다고 했다. 쥴리앙은 그곳은 바젤이 아니라 프랑스라고 했다. 그랬다. 롱샹성당은 프랑스 서남부이자 독일의 동남부 경계에 위치한 프랑스 스트라스부르Strasbourg의 롱샹Ronchamp이라는 마을에 있었다. 바젤은 프랑스랑 독일과 접경을 맞대고 있는 지역이다. 오전에 갔던 비트라 하우스도 사실은 스위스와 가까운 독일에 위치한다. 접경 지역에서 나라를 나누는 게 내게는 무의미하게 느껴졌다.

바젤에서 롱샹성당까지 가는 길도 사실은 그렇게 녹록지 않았다. 몇 번이나 기차를 갈아타고 프랑스로 이동해야 했다. 감사하게도 쥴리앙은 뚜벅이 여행자를 배려해 아침에 기차역까지 데려다주겠다고 했다.

이른 아침, 나갈 채비를 했다. 비가 오는 흐린 날씨를 뚫고 기차역에 도착하자 거듭 조심해서 다녀오라고 말하는 쥴리앙. 나도 거듭 고맙다는 인사를 하고 비를 피해 기차역으로 뛰어들어갔다. 출발 전에 어떻게 성당까지 갈 수 있는지 조사를 해보았는데, 다들 하나같이 롱샹성당까지 가는 길이 복잡해 차를 렌트하는 게 가장 좋다고 조언하고 있었다. 나는 기차로 이동할 때까지는 이게 뭐 그리 대단한 고생인가 싶었다. 물론 두 차례의 경유가 있긴 했지만, 나에게는 성당으로 향하는 길의 기다림과 번거로움보다 살면서 이곳을 가볼 수 있다는 것에 대한 감사가 더 컸다.

그리고 마침내 프랑스 남부의 시골 마을 스트라스부르에 도착했다. 기차역에 내려서 구글맵을 켜고 롱샹성당을 검색하자, 기차역에서 가장 가까운 경로의 길이 안내되었다. 하지만 언덕 위에 위치한 롱샹성당으로 가는 길은 걷는 족족 시내와 멀어지고 있었다. 나중에는 인도도 없는 도로변을 따라 걸었는데 구글맵이 내게 안내한 곳은 사람의 흔적이 없는 으슥한 산길이었다. 고민됐다. 나, 레나. 지난 수년간 혼자 다닌 해외여행만 해도 이미 수십 번에 달해, 혼자 그 어디를 가도 두렵지 않다고 생각했지만 그래도 역시 산에 혼자 가는 것은 무서웠다.

그때였다. 하늘에서 나에게 동행인을 보내주었다. 기차 안에서 마주쳤던 한국인 대학생으로 보이는 여자 둘이 산의 진입로에 나타났다. 그들도 롱샹성당에 갈 예정이었던 것이다. 다행히 '구글신'은 그들에게도 같은 길을 알려줬는지 망설임 없이 산을 오르기 시작했다. 나도 원래 같이 동행하고 있었던 것처럼 그들을 뒤따랐다.

산에 들어서자 사람이 거의 지나다니지 않는 길 위에 유일한 통행자들이 바로 롱샹성당 방문객들이 아닐까. 등산로로 추측되는 길이 나있었다. 정식 등산로도 아니고 그렇다고 숲 자체도 아닌 길. 높은 산은 아니었지만 꽤 경사가 있었다. 방법이 없었다. 오르고 또 올랐다. 목적지만 보인다면 가는 길이 험난하고 가파를지라도 묵묵히 그 길을 걸었을 텐데, 목적지는 전혀 보이지 않았고 언덕길은 헷갈리기만 했다.

그리고 정확히 세 번 정도 이 길이 맞을까 의심할 때쯤, 마법처럼 흙길이 아닌 시멘트 바닥이 등장했다. 사실 롱샹성당은 롱샹 마을을 통해서 오면 시골 마을의 전경을 감상하면서도 가파른 언덕을 오르지 않아도 되는 길이 있으니 이 길을 이용하는 것을 더 추천한다. 하지만 익사이팅과 모험을 즐긴다면 주저 없이 산으로 들어갈 것!

롱샹성당이다!

잔디 사이에 지그재그로 이어진 시멘트 바닥을 따라 걸어 올라가면 롱샹성당에 진입하기 전 관문인 게이트하우스Gate House를 거치게 된다. 이곳에서 입장권을 구매했다. 여기서부터 약간의 언덕길을 더 올라가야 했다. 성당은 도대체 언제쯤 볼 수 있는 거지? 자문할 때쯤 나타난 롱샹성당의 모습. 게 껍질에서 영감을 받았다고 하는 지붕이 두 눈에 들어왔다.

다른 건축물에서는 잘 볼 수 없는 곡선의 모양을 띠고 있었다. 우리가 알고 있는 유럽의 성당과는 전혀 다른 외관. 이미 수많은 책과 사진으로 눈에 담았던 그 모습 그대로였지만, 내 눈앞에 실제로 나타난 것이 감격스러워 실로 가슴이 벅찼다.

빛이 우리에게 주는 것

성당임에도 건축가들의 성지가 된 롱샹성당. 우리에겐 유명한 가방 브랜드 이름으로 널리 알려졌지만 사실은 롱샹Ronchamp이라는 마을에 위치한 성당이라 이렇게 불리게 되었다고 한다. 사실 가방 브랜드와는 철자부터도 다르다! 본명은 '노트르 담 뒤 오Notre Dame du Haut'. 스위스 태생의 건축가 르 꼬르뷔지에Le Corbusier가 2차 세계대전 때 소실된 성당을 1955년에 다시 설계한 건축물이다.

르 꼬르뷔지에는 근대 건축계의 거장으로 불리는 사람이다. 인체공학적인 모듈러를 구상하여 건축에 적용하고 공간을 절약하면서도 최대한의 쾌적함을 줄 수 있도록 효율적인 설계를 추구하였다. 흥미로운 것은 그가 설계한 건축물 대부분이 기하학적인 형태이고, 합리주의 건축이라는 수식이 붙었던 것에 반해 롱샹성당은 유기적인 선형의 굉장히 독특한 외관이라는 점이다.

롱샹성당은 어떻게 보면 지붕이 둥글고 기둥이 하얀 탓에 버섯처럼도 보인다. 나는 그 주위를 둘러보며 걸음 위치가 바뀔 때마다 다르게 보이는 성당의 모습을 감상했다. 정말 신기하기만 했다. 하지만 유기적인 곡선의 외관은 사람들의 시선을 끄는 아름다운 모습임에는 분명했지만, 어딘가 종교적인 경건함과는 거리가 멀어 보였다. 그런 나의 생각은 성당

안으로 들어간 순간 바뀌었다.

문을 열고 들어간 성당 내부는 어둠 속에 빛이 쏟아져 들어오고 있었다. 조명이 없어 그 안을 들어서면 처음에는 시야에 어두움이 먼저 찾아온다. 그 어두움에 익숙해질 때쯤 보이는 작은 창들을 뚫고 들어오는 자연의 빛. 그 빛을 바라보고 있노라니 어느 때보다 마음이 숙연해졌다.

비가 내리고 난 후의 굉장히 흐린 날이었지만, 안에 들어가니 그런 밖을 상상할 수 없을 정도로 빛이 쏟아져 들어왔다. 시간마다 빛이 들어오는 방향이 바뀐다는 것을 고려하여 깊고 좁게 만든 창은 마치 태양빛을 수집해서 안에다 쏘아주는 것처럼 강렬하게, 하지만 은은하게 공간 내부를 비추고 있었다.

이곳을 보자 생각나는 한 사람이 있었다. 바로 또 다른 건축가 '안도 타다오'였다. 안도 타다오와 르 꼬르뷔지에의 삶은 평행이론이 아닐까 싶을 정도로 비슷한 구석이 있다. 르 꼬르뷔지에가 남긴 건축물을 독학으로 공부하며 연구한 이 젊은 건축가는 오늘날 현대건축의 거장이 되었다.

롱샹성당에서 큰 영감을 받은 그는 후에 일본 오사카에 '빛의 교회'를 설계한다. 교회임에도 십자가가 하나도 없는 이곳은 십자가 모양의 창을 통해 끊임없이 들어오는 빛으로 유일한 십자가를 만들어낸다. 서로 만나 본 적 없는 두 거장이 빛과 공간으로 나누는 대화 같다는 생각이 들었다.

젊은 안도 타다오는 헌책방에서 르 꼬르뷔지에 의 작품집을 보고 건축가가 되리라 결심하고 그 를 만나겠다는 일념으로 세계 일주를 시작한다. 하지만 안타깝게도 안도 타다오가 시베리아를 거쳐 프랑스에 도착하기 한 달 전 르 꼬르뷔지 에는 세상을 뜨고 만다.

출처 : By Bergmann CC, BY-SA 3.0, https://url.kr/nuekbq

롱샹성당까지 언덕 하나를 오르며 대화를 나누게 된 대학생들은 건축 학도라고 했다. 둘은 어느새 제단처럼 보이는 계단 언덕 위에 앉아서 성 당의 모습을 스케치하고 있었다. 나도 그녀들 옆으로 가서 종이 한 장을 얻어 성당을 그려 넣기 시작했다. 쩔쩔매며 스케치를 해내고, 아무래도 그냥 오기 아쉬워 성당 곳곳을 한 번 더 둘러보았다. 괜히 성당 문을 열고 다시 들어가 작은 창을 뚫고 들어오는 빛을 물끄러미 바라보았다.

이제 떠날 시간. 오르는 건 어려워도 내려가는 건 쉽다. 통통통 몇 번 발을 구르니 어느새 산 밑 자락까지 내려왔다. 마치 꿈이라도 꾼 것처럼 롱샹성당은 눈앞에서 사라지고 그날 아침 산속으로 향하는 초행길을 두 고 망설였던 그곳에 다시 서있었다.

항상 나 자신으로 살기를

어린 시절, 『먼 나라 이웃나라』를 보면서 유럽을 접했던 나. 그때 읽었던 것 중에서 나의 흥미를 유발한 건 바로 스위스였다. 프랑스, 독일 그리고 이탈리아와 접경하고 있는 나라. 그러다 보니 스위스 국민들은 세 가지 언어를 자유자재로 구사한다는 내용은 너무나 충격적이었다. 그리고 시간이 흘러 나는 어린 내가 그렇게도 신비롭게 여겼던 그곳, 스위스에 있었다.

롱샹성당으로 향하던 날, 나는 기차 안에서 급하게 다음 일정을 스위스 남부의 루가노Lugano로 가기로 결정했다. 바젤에서 루가노로 갔다가 당일에 다시 베른으로 가야 했던 걸 생각하면 그다지 좋은 계획은 아니었지만 그곳에 가고 싶은 이유가 있었다. 바로 헤르만 헤세가 마지막 여생을 보낸 곳이라는 글을 읽은 적이 있었기 때문이다. 헤르만 헤세는 심한 우울증을 앓았는데 그림과 작품 활동을 통해 치유해 나가며 말년을 보냈다는 생가에 가보고 싶었다. 또 다른 이유는 이탈리아와 접경한 스위스의 모습이 궁금했기 때문이었다. 지금까지 프랑스, 독일과 접경인 스위스 도시들을 포함해 인터라켄Interlaken까지 스위스의 많은 곳을 갔지만 스위스 남부는 가본 적이 없었다. 사실 한국인들에게 그다지 인기 있는 여행지는 아니어서 정보가 많지 않았다.

  쥴리앙은 다음 날 새벽같이 나가야 하는 나에게 미리 대중교통을 이용해서 기차역까지 가는 방법을 그림까지 그려주며 알려주었다. 그가 그려준 지도를 손에 들고 돌로레스 부부에게 감사 인사를 전했다. 덕분에 바젤에서의 이틀이 따뜻하고 포근했다.

  루가노는 '루가노 호수'를 끼고 있는 호반 도시다. 높은 지대에 위치해 있던 기차역에서 도심으로 꽤 많은 경사와 계단 길을 내려갔다. 건물과 건물 사이로 호수에 반짝이는 빛이 조금씩 보였다. 어느 순간 평지에 이르자 저 멀리 호수가 바다처럼 넓게 펼쳐졌다. 그 뒤로는 멀리 산들이 보였고 생각지도 못했던 눈부신 광경에 넋을 잃었다.

  일단 호수로 가는 길에 루가노 시내를 둘러보았다. 오늘 아침까지 봤던 스위스와는 전혀 딴판의 세계였다. 거리 이름도 이탈리아어로 되어 있어 순간 내가 이탈리아에 온 것 같은 기분이 들었다. 루가노 호수는 평화

로움 그 자체였다. 근처 가게에서 산 젤라토를 먹으면서 천천히 호수변을 따라 걸었다

그리고 슬슬 헤세의 집을 찾아 떠나기로 했다. 근처에 1시간에 한 대씩 운행하는 버스가 있었고 30여 분을 기다려 버스에 오를 수 있었다. 버스는 호숫가를 지나 언덕을 향해 오르기 시작했다. 낮은 산에 닦인 도로를 빙글빙글 돌아서가는 식이었다. 버스에서 바라보는 루가노의 전경이 매력적이었다. 내릴 곳을 미리 부탁한 덕에 꽤 높은 곳에 이르렀을 때쯤 기사 아저씨가 이제 내리라고 일러주었다. 버스에서 내리자 작은 마을의 골목길 위에 덩그러니 서있게 되었다. 어디로 가야 할지 구글맵에 검색해보니 헤세의 집은 5분도 채 걸리지 않는 곳이었다.

대문호 헤르만 헤세가 살던 곳. '까사 카무치Casa Camuzzi'라 불리는 그곳은 유럽의 성벽을 연상시키는 꽤 큰 저택이었다. 그리고 이곳의 일부를 개조하여 만든 헤세 박물관Museo Hermann Hesse Montagnola이 있었다.

끝이 뾰족한 빨간 아치형의 창문, 벽돌 모양이 드러난 벽면에 밀짚 모자를 쓴 헤세의 사진이 걸려있다. 박물관 앞의 작은 테이블 위에는 수국이 한 다발 올려져 있었다. 한 눈에 헤세가 왜 이곳에 정착하기로 했는지 알 것 같았다.

독일 출신이었던 헤세는 2차 세계대전 당시 반전문학 활동을 함으로써 나치의 반감을 사 독일에서 더 이상 창작활동을 이어 나갈 수 없게 되자 스위스로 이주한다. 그가 스스로 고른 루가노의 몬테뇰라Montagnola는 그의 인생에서 가장 많은 시간을 보낸 곳이다. '까사 카무치Casa Camuzzi'는 헤세가 1919년부터 1931년까지 살았던 집이며, 이후 이사한 두 번째 집 '까사 로사Casa Rossa'는 현재 누군가 살고 있는 개인 집으로 방문이 불가능했다.

심각한 우울증을 앓았던 헤세는 그곳에서 치료의 일환으로 그림을 배우기 시작하는데, 이후 화가로서 헤세의 작품 활동이 범상치 않다. 대부분 엽서 한 장 크기의 그림으로 몬테뇰라의 평화롭고 아름다운 모습을 수채화로 서정적으로 표현해 낸 것이 인상적이다. 그는 불혹이란 늦은 나이에 그림을 시작했지만, 세상을 떠나기 전까지 무려 3,000여 점의 작품을 남겼다. 그에게 그림이 어떤 의미였을지 상상이 가는 대목이었다.

박물관은 헤세가 그렸던 그림들과 주고받았던 편지, 원고, 타자기와 같은 실제로 그의 손길이 닿았던 것들을 정갈하게 전시해 놓았다. 삐거덕대는 나무바닥을 옮겨 다니며 그의 손때 묻은 물건들을 찬찬히 둘러보았다. 창밖으로 펼쳐지는 풍경은 어쩐지 그림에서 느껴진 정취와도 비슷하게 느껴졌다. 밖으로 나와 헤세가 걸었던 길을 걸어보았다. 작은 표지판이 그가 살아생전 다녔던 길을 알려주었다. 이탈리아어로 적혀 있어 정확히 알 수 없었지만 화살표를 따라가니 루가노의 호수와 도시가 한눈에 내려다보이는 명당이 나타났다. 그곳에 있는 빨간 벤치. 헤세도 이곳에서 이 풍경을 눈에 담고 또 담았으리라.

헤세 박물관 인근에 있는 아본디오 성당St.Abbondio 묘지에는 그의 무덤이 있다. 사이프러스 나무가 길게 솟은 길을 따라 들어간 곳엔 여러 사람의 무덤이 있어 헤세의 묘를 찾기까지는 시간이 걸렸다. 그리고 발견한 그의 이름. 헤르만 헤세.

조그맣게 기도하고 사이프러스의 길을 따라 나와 구불구불한 언덕 도로에 섰다. 만난 적 없는 헤세를 그리며 그의 삶을 생각하다가 버스정류장에 서서 다시 현실 세계로 돌아오려니 느낌이 묘했다.

먼 거리를 달려 루가노에 오게 된 이유를 해결한 것처럼 마음이 후련해졌다. 나는 다시 왔던 길을 거슬러 베른으로 가기 위해 기차역으로 향했다.

이 세상이 어떻게 변하든 항상 나 자신으로 살기를

– 헤르만 헤세

도미토리의 짠맛, 단맛

　루가노에서 베른으로 가는 길. 기차를 타고 산과 산 사이로 지나가고 있으니 마치 스위스에 기차 여행을 즐기기 위해 온 것 같은 기분마저 들었다. 맞은편에 껴안다시피 앉아있는 커플이 '이 풍경은 우리를 위한 선물이야'라는 느낌으로 차창 밖을 만족스럽게 바라보고 있었다. 나의 오해일지 모르지만 눈빛이 그랬다. 저절로 입이 벌어지는 풍경에 나도 차창에 매달려 바라보다 다시 잠이 들었다.

　오랜 시간을 달려 기차는 베른역에 도착했다. '베른Bern'. 스위스의 가장 큰 도시임에도 몇 차례의 스위스 여행 동안 한 번도 오지 않았던 곳이다. 별다른 이유는 없었다. 꼭 가야 할 만큼 보고 싶은 게 딱히 없었다는 것 정도. 사실 이번 여행도 그랬다. 베른에는 딱히 기대하는 게 없었고 스위스 여행의 마지막 날이라 기운이 다 빠져 숙소에 도착했다. 대학 시절 배낭여행 이후로 10년만에 예약한 도미토리였다. 어색하면서도 그 시절 여행이 생각나 기분이 묘했다. 방 하나에 2층 침대가 6개 정도 됐으니 최대 12명이 묵을 수 있는 방이었다. 규모에 비해 깔끔하고 사람이 많지 않았다. 이곳은 특이하게 리셉션에서 침대까지 지정해 주는 곳이었다. 침대 1층에서 자면 위에서 자는 사람이 왔다갔다 움직일 때마다 여간 불편한 게 아니라 방해받고 싶지 않은 나는 2층으로 침대를 배정받았다.

그런데 내가 쓸 침대에 누군가 자고 있었다. 스마트폰을 슬쩍 들여다보았다. 아직 저녁 7시였다. 너무 곤히 자길래 깨우기도 그래서 잠깐 짐만 두고 나가서 저녁을 먹고 들어왔다. 그녀는 아직도 침대에 누워있었지만 잠에서 깬 것 같았다. 누워서 스마트폰을 만지작대는 그녀에게 말했다.

"미안하지만, 이 침대는 내가 배정받은 침대야."
"여기 침대가 많고, 비어 있는 침대가 있으니 아무 곳이나 써~"

그녀의 무신경한 대답에 성질이 급하고 화가 많은 나는 욱하고 살짝 올라오려 했지만, 잠시 마음을 가다듬었다.

"여기 침대가 다 차지 않을 거란 걸 네가 어떻게 알지? 나는 밤에 자다가 원래 침대 배정받은 사람에게 다른 침대로 옮겨달라는 얘기 듣고 싶지 않아."

내 말에 설득되었는지 그녀는 잠시 생각하더니 미안하다고 하며 침대에서 내려왔다. 전날 밤에는 이 방에 사람들이 거의 오지 않았고 자기는 특별히 침대를 배정받지 않아서 아무 곳이나 써도 되는 줄 알았다는 것이었다. 하지만 이번에도 그녀는 나가서 본인이 사용해야 할 침대가 어떤 것인지 물어보는 대신 비어 있는 다른 침대로 이동했다. 그러고는 세상 쿨하게 자기를 소개했다.
그녀의 이름은 '줄리아'였고 브라질에서 왔다고 했다. 금세 또 마음이 풀린 나도 내 소개를 했다. 오늘은 어딜 다녀왔냐, 어디에서 왔냐 시시콜

콜 이런저런 이야기를 하다 보니 도미토리 침대에 대한 가치관을 제외하고는 대화가 잘 통한다는 걸 알게 되었다. 쥴리아는 유럽여행 중이었고, 나처럼 그날이 스위스의 마지막 일정이었다. 장기 여행자답게 마지막 일정을 도미토리에서 초저녁부터 자고 있는 그녀. 그럼. 수면은 중요하지.

다음 날은 베른을 둘러보고 다시 기차로 취리히로 이동해서 공항까지 가야 했다. 아침에 일어나 체크아웃하기 위해 짐 정리를 할 때쯤이었다. 쥴리아가 느지막이 일어나 말을 걸었다.

"레나, 이제 나가는 거야?"
"응, 이제 가봐야지~ 넌 어떻게 할 거야? 시간 많이 없지 않아?"
"난 오늘 숙소 근처 장미 정원에 갈 거야."
"장미 정원?"
"내가 장미를 좋아하거든."

'장미 정원이라….' 스위스에서 단 한 번도 생각해보지 못한 옵션이었지만 어딜 갈지 딱히 정한 곳이 없었고 기차 시간까지 불과 서너 시간이 남아있던 나는 그녀와 장미 정원에 가보기로 했다. 가는 김에 베른 시내도 걸으면서 구경할 수 있을 테니까. 베른의 옛 시가지는 유네스코 세계문화유산으로 등재되어 있을 만큼 시내 전체가 관광지와 다름없었다.

장미 정원에 함께 가겠다고 하자 쥴리아는 빠르게 짐을 싸서 체크아웃을 했다. 역시 노련한 여행자의 냄새가 났다. 걸으면서 본 아레강^{Aare River}은 베른과 아레강을 수채화로 그리고 난 뒤 붓을 담가 둔 물통 색이 이렇지 않았을까 싶을 정도로 신비한 색을 자랑하며 흐르고 있었다. 맑고 투

명한 파란색이 아니라 더 신비롭게 느껴졌다.

장미 정원은 평화롭고 장미가 많았다. 그리고 깨달았다. 나는 생각보다 꽃구경에 감흥이 없다는 걸. 사실 꽃에 관심이 없다기보다 시간에 쫓겨 즐기고 있지 못했던 게 컸다. 돌이켜보니 똑같이 시간에 쫓기면서도 장미를 보며 황홀해하던 쥴리아가 새삼 대단하게 느껴진다. 나는 빠르게 장미 정원을 훑고 나가려 했고, 쥴리아도 남은 시간이 많이 없었기에 딱히 저지하지 않았지만 내심 아쉬워하는 게 느껴졌다.

다시 짐을 가지러 숙소로 돌아가려면 족히 30분은 걸어야 해서, 우리에

겐 이제 정말 시간이 얼마 없었다. 빠르게 숙소로 돌아와 각자의 짐을 찾았다. 자기 키를 훌쩍 넘는 배낭을 멘 쥴리아는 지금부터 시계탑을 보고 초콜릿을 사러 가야 한다고 했다. 시계탑이야 기차역 가는 길에 있었고, 초콜릿 가게도 그 근처라고 하니 이번에도 기차역까지 동행하게 되었다.

정시가 되면 시계장치 인형들이 나와서 자기 머리 위의
종을 망치로 두드리며 시각을 알린다.

　베른의 랜드마크, 치트글로게Zytglogge 시계탑 앞엔 이미 사람들이 몰려 있었다. 매 시각 정시가 되면 시계 인형들이 퍼포먼스를 벌인다고 일부러 정시에 맞춰 왔다는 그녀. 정말 계획된 것인지, 남미 사람들 특유의 임기응변인지 구분이 가지 않았다. 시계 퍼포먼스를 보고는 다시 빠르게 초콜릿 가게로 이동했다. 그곳에서도 그녀는 입을 벌리고 무엇을 살지 심사숙고했다. 그리곤 초콜릿을 정말 좋아한다고 했다. 그제야 느낌이 왔다. 아마 우리가 함께 동물원에 갔다면 그녀는 입을 벌리고 곰을 좋아한다고 말했을 것이고, 미술관에 갔으면 황홀한 눈빛으로 그림을 좋아한다고 말했을 거란 걸. 자신에게 주어진 매 순간 별거 아닌 것에도 감사하고 즐거워하는 그녀의 모습이 귀엽기도 하고 같은 여행자로서 멋있기도 했다.

이곳저곳 구경하는 사이 시간이 많이 지체되었다. 이제 정말 기차역에 가지 않으면 우리는 이 살인적인 물가의 베른에서 하루를 더 보내야 할지도 모른다는 생각에 서둘러 기차역으로 갔다. 다행히 쥴리아의 목적지는 나와 같은 방향이었다. 그녀는 취리히로 가는 중간에 내릴 예정이었고, 나는 취리히가 목적지였다. 쥴리아는 기차 안에서도 지정된 좌석에 앉지 않고 배가 고프다며 식당칸으로 들어갔다. 나는 유럽 기차에서 한 번도 식당칸을 이용해 본 적이 없었는데 비싸고 맛이 없을 것 같다는 인식이 있었기 때문이다. 입구로 들어서면서 겪어야 하는 어색한 분위기도 그다지 좋지는 않았다.

쥴리아를 따라 들어간 식당칸은 사람이 적어 조용했다. 우리도 테이블을 하나 차지하고 앉았다. 그녀는 파스타를 주문했고, 나는 커피를 한 잔 주문해서 이야기를 나눴다. 이날 이후로 나에게 유럽 기차 식당칸에 대한 이미지는 완전히 바뀌었다. 쥴리아는 잘만 이용하면 여행 중에 기차 식당칸은 좋은 옵션이라고 내게 귀띔해주었다. 후에 나는 오스트리아 빈에서 독일 뮌헨으로 가는 기차에서 5시간을 서서 가야 했을 때, 쥴리아의 조언을 기억해서 식당칸에 앉아 편하게 갔던 경험이 있다. 〈난민 행렬에서 축제 대열까지〉 참고. 다시 생각해보니 배울 것이 많은 친구였다.

취리히에 도착하기 전, 쥴리아가 먼저 목적지에서 내리게 되었다. 아쉽게 서로를 다독이며 인사를 나눴다. 조심히 여행하고 브라질에 돌아가길. 너라면 나머지 여행도 즐거울 거야.

Chapter 2

한여름 속으로

스페인에 밥하러 갔어?

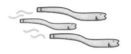

Ilena
9 June 2015 · Valencia, Spain 👥
스페인에서 밥해먹기 요리블로그 차릴 기세ㅋ

S.I.LEE
밥하러갔어?ㅋㅋㅋ
Like · Reply · 6 y

Ilena
야 해도길고 시간이 넘 많아ㅋㅋㅋ
Like · Reply · 6 y

Seung min
대단하네 맛있겠다!
Like · Reply · 6 y

Ilena
맛은 보장 못해요 ㅋㅋ
Like · Reply · 6 y

"레나, 스페인에 밥하러 갔어?"

어느 날 SNS에 올라온 친구의 댓글. 그러나 그것은 부정할 수 없는 사실이었다. 스페인에 간 이후로 나는 매일 두 끼 정도는 스스로 해 먹고 있었다. 물론 물가가 그리 비싸지 않은 이곳에서 점심이나 저녁을 외식으로 해결하는 것도 그리 불가능한 건 아니었지만 그렇다고 매일 사 먹을 수도 없는 노릇이었다. 게다가 이곳 사람들과 저녁 시간을 맞추는 일도 쉽지 않았으며 너무 늦어… 스페인을 대표하는 안줏거리(?)이자 핑거푸드인 타파스는 어딘가 아무리 배 부르게 먹어도 저녁을 먹었다는 느낌이 들지 않았다.

타파스Tapas는 한국에서도 유명한 감바스를 비롯해 술과 곁들이는 간단한 음식을 말한다. 가장 흔하게 보는 것은 핀초스Pinchos인데 잘라 낸 바게트 위에 하몽이나 치즈, 연어, 캐비어 등의 재료를 얹은 뒤 이쑤시개 같은 핀초로 고정한 음식이다. 이 외에도 가스파쵸Gazpacho차가운 토마토 수프, 크로케타Croqueta크로켓, 깔라마리Calmari오징어튀김 등 대부분 한입에 먹을 수 있는 요리들이 있다. 가격도 저렴하고 종류도 다양해서 이것저것 먹다 보면 금세 배가 부른다.

하지만 타파스가 가진 재료나 조리 방법의 다양성, 저렴한 가격 등의 장점에도 불구하고 나에게 타파스는 안줏거리, 간식 그 이상은 될 수 없었다. 게다가 매일같이 만나는 시모나는 어떤가. 베지테리안에 9시 전에는 불러도 나오지도 않던 그녀. 그녀 탓은 아니지만 외식은 자연스레 사라지고 우리는 각자 식사를 해결하고 만나곤 했다.

한 입 크기로 만들어져 진열되어 있는 다양한 종류의 타파스.

외국에 가면 으레 마트 구경하기를 즐기지 않던가? 나도 스페인에 도착하고 매일같이 마트에 가서 이것도 사보고 저것도 사보고 주변 한국인들에게 추천받은 재료를 구해서 먹기도 했다. 처음에는 전기밥솥도 없는데 매일 냄비밥을 하기가 힘들다는 생각에 샌드위치, 샐러드, 스테이크 등 간단히 해 먹을 수 있는 요리를 선택했다. 그러던 어느 날부터는 마트에서 한국요리를 해볼 만한 식자재들이 눈에 들어오기 시작했다. 일단 쌀이 있었고, 심지어 발렌시아는 쌀농사로 유명한 지역이었다. 육류나 생선이야 말할 것도 없고 가격이 그리 착하진 않았지만 두부도 있었다.

처음에는 원재료나 간단한 조리만으로 고향의 맛을 느낄 만한 것들을 먹었다. 가장 쉬운 예는 삼겹살이다. 이베리코 삼겹살은 정말 맛이 좋아서 한국에서 먹는 것보다 맛있었다. 어느 날은 고등어를 사 와서 구웠는데 고양이 토마사가 이 집에선 잘 풍기지 않는 생선 냄새에 유난히 주변을 서성였다. 그 외 시금치 같은 걸 나물로 무치기도 하고, 두부조림을 만들기도 했다.

결정적으로 친구들을 저녁식사에 초대하면서 중국인 마트로 진출해 각종 재료를 사들이고 온 뒤부터는 점점 요리가 화려해졌다. 닭볶음탕, 주꾸미볶음, 카레, 제육볶음 등등. 내친김에 일식 재료를 사서 오코노미야끼, 메밀소바, 일본식 카레까지 손을 댔다. 이렇게 하나하나 만들어 먹다 보니 SNS에 안 올릴 수가 없어 하나둘 올리기 시작했더니, 어느 날 친구에게 스페인에 밥하러 갔냐는 말을 듣는 지경에 이른 것이었다. 하지만 스페인에서의 요리 열정은 지칠 줄 몰랐고, 스스로 어디까지 해 먹을 수 있는지 한계를 찾겠다는 듯 나는 계속해서 새로운 것에 도전하고 있었다.

"언니, 메르까도Mercado Central11에 일찍 나가면 갈치를 파는 데가 있대요!"

어느 날 같은 어학원에 다니는 한국인 유학생 '펭'이 알려준 정보였다. 나는 갈치란 말에 크게 마음이 흔들렸다. 밥도둑 갈치. 왠지 스페인 갈치는 이베리코 삼겹살처럼 맛있을 것 같은 기분도 들었다. 대부분의 식자재가 맛있었기 때문에 가지게 된 환상이었다.

다음 날 아침, 수업에 가기 전 나는 새벽부터 일어나 나갈 채비를 했다. 생선류는 새벽에 거래되지 않던가. 스페인에서 갈치의 인기가 어느 정도일지 가늠할 수 없었지만, 나 같은 한국인들이 먼저 와서 사갈까 두려워 새벽이슬을 맞으며 메르까도로 향했다. 그리고 이제 막 문을 연 시장 안으로 들어갔다. '생선가게, 생선가게…'를 중얼거리며 생선 파는 곳으로 향했다. 일단 스페인어로 갈치는 모르지만 내가 하루 이틀 갈치를 먹어봤던가. 눈에 띄면 바로 집어갈 기세로 생선가게들을 샅샅이 둘러보는데 어찌된 일인지 갈치를 찾을 수 없었다. 생선가게들이 모인 구역을 몇 번을 돌아다녀 봐도 갈치가 보이지 않았다. 허탈해졌다. '갈치가 좀 늦게 도착했다거나 생선가게 주인이 늦게 꺼내 놓는 건 아닐까…' 하는 마음에 다시 둘러봐도 갈치는 없었다. 결국 마지못해 고등어와 고구마를 사 들고 집으로 돌아왔다. 허탈한 그 와중에도 야채가게를 지나다가 우연히 호박고구마같이 생긴 걸 발견했기 때문이었다.

나는 그 뒤로도 가끔 메르까도에 갈치를 찾으러 나서 봤지만 단 한 번도 볼 수가 없었다.

---

11. 발렌시아의 센트럴 마켓으로 재래시장 같은 곳.

기대했던 고구마는 떡떡하고 밍밍한 호박 맛이 났다.

또 다른 어느 날이었다. 이번에도 발단은 펭이었다.

"언니, 어제 꼰숨Consum12에서 바지락을 봤어요."

바지락이라… 갈치만큼 솔깃하진 않았지만 '바지락… 바지락…'을 몇
번 입에서 되뇌고 나니 머릿속에 바지락 칼국수가 생각났다. 친한 한국인
들에게 이 이야기를 하자 다들 반가워했고 우리는 함께 모여 바지락 칼국
수를 만들어 먹기로 했다. 그러자 갑자기 누군가는 열무김치를 사 오겠다
고 했고, 또 다른 누군가가 팥빙수 재료를 가져오겠다고 했다. 팥빙수에
서 그만 웃음이 터져 나왔다. '와, 다들 마음속에 먹고 싶은 것들이 하나
씩 있었구나' 싶은 순간이었다.

---

12. 한국으로 치면 이마트나 홈플러스와 같은 스페인의 대형마트.

나는 기어이 꼰숨에 가서 바지락을 구해다가 생전 처음 해보는 해감을 하고 대형 냄비에 바지락 칼국수를 끓였다. 마지막에는 계란과 김가루 그리고 참기름 몇 방울이 들어간 모두가 아는 맛의 죽도 만들어 먹었다.

마르타는 요리에 빠져 매일같이 친구들을 초대하는 나에게 발렌시아에서 한인 식당을 차려보라고도 이야기했다. 이제 적당히 하라는 의미 같았다. 하지만 어떻게 이것을 멈출 수 있을까? 나는 멈추는 법을 모르고 계속 집에서 요리를 하고 사람들을 초대했다. 그야말로 요리로 카타르시스를 느꼈던 것 같다.

그렇게 약 6개월을 '스페인 요리왕' 느낌으로 살다가 한국으로 돌아오니 한동안 외식도 배달도 없는 삶이 이어졌다. 물론 다시 직장을 나가고부터는 언제 그랬냐는 듯 이 민족의 일원으로서 너무나 당연하게 배달음식에 빠지게 되었지만. 지금 생각해보면 엄청나게 맛있는 요리는 아니었던 게 분명하다. 그래도 라면은 산에서, 고향의 맛은 외국에서 맛봐야 맛있는 법. 다시 해외에 나가서 저렇게 열심히 밥 지으며 사는 날이 또 올까 싶어지는 요즘이라 그런지 발렌시아에서 밥 해 먹고 살던 시절이 더욱 생각이 난다.

햇빛 눈이 부신 날의 이별

7월이 되자, 스페인에서 알고 지낸 사람들이 하나둘 발렌시아를 떠나기 시작했다. 다시 일상으로 돌아간 사람들도 있고, 스페인의 다른 도시로 이동한 사람들도 있었다. 때문에 그들과 작별인사를 하느라 덩달아 바쁘게 보내고 있었다. 이탈리아 여행을 앞두고 있었던 때라, 여행에서 돌아올 때쯤엔 없을 사람들도 많았다. 그들과도 미리 인사를 해 두어야 했다. 돌아오면 떠나고 없다니… 이것만큼 허탈한 감정이 또 있을까.

그중 한 명이 바로 마리나Marina였다. 멕시코 출신으로 한국인 남자친구가 있던 마리나는 한국에 유독 관심이 많았다. 가끔 우리 집으로 와서 수다를 떨거나 내가 음식을 만들어주면 먹고 가곤 했다.

아시아를 제외한 북미, 유럽, 남미 등의 나라에서는 우리나라의 카카오톡 격인 와츠앱Watsapp을 사용한다. 그중에서도 멕시코 사람들은 텍스트 메시지나 이모티콘 사용에 익숙한 우리와 달리 와츠앱으로 음성 메시지를 보내곤 했다. 난 아무래도 녹음을 한다고 생각하니 말이 자연스럽게 나오지 않아 굳이 손으로 메시지를 적어 답장했다. 내가 텍스트로 메시지를 보내면 마리나에게서는 다시 음성 메시지가 돌아왔다. 메시지를 주고받는 속도의 불균형이 어색하기만 했다. 손보다는 말이 빠르니 말이다.

나도 음성 메시지에 익숙해져 보리라 어색함을 무릅쓰고 시도했는데 또 다른 멕시코인인 '일리'가 그걸 가지고 나를 놀렸다. "레나~ 목소리가 너무 작고 엄청 긴장한 것 같아." 그것은 명백한 사실이었다. 하지만 다 큰 성인이라도 누군가의 놀림은 부정적으로 작용한다. 그 뒤로 음성 메시지는 도전하지 않았다.

내가 이탈리아 여행을 가 있는 사이에, 마리나는 '멕시코시티'로 귀국할 예정이었다. 교환학생 기간이 끝나 다시 본래의 일상으로 돌아갈 차례. 마리나와 나는 작별인사를 위해 서로의 시간을 이리저리 맞춰보고 있었다. 그녀는 곧 떠나야 해서 정리할 것들이 많았고, 그녀의 엄마가 멕시코에서 직접 스페인으로 와계셨기 때문이었다. 나 역시 사람들과 작별인사를 하러 다니느라 바쁜 와중에 이탈리아 여행을 함께 가기 위해 한국에서 친구 '옥'이 스페인으로 오고 있었다.

도저히 서로의 시간이 맞질 않자, 마리나는 어떤 장소로 나를 초대했다. 클래식 기타 연주회가 진행되고 있던 카페였다. 조용히 문을 열고 들어가자 어느 테이블에 7~8명의 멕시코인들로 보이는 사람들이 앉아서 나를 향해 하얀 이를 보이며 웃고 있었다. 마리나도 함께였다.

기타 연주는 그 뒤로 1시간쯤 계속되었는데, 나는 처음 보는 멕시코 사람들과 눈이 마주칠 때마다 어색하게 웃음을 지어 보였다. 연주가 끝나고 마리나는 자신의 엄마를 소개해 주었다. 마리나의 엄마는 환하게 웃으며 나를 껴안아 주었다. 그리고 다음에 멕시코로 꼭 놀러 오라며 "미 까사 에스 뚜 까사Mi casa es tu casa 내 집이 곧 너의 집이야"라고 친절하게 손가락으로 본인과 나를 번갈아 가리키며 천천히 말해주셨다. 와. 한국에도 없는 내 집이 멕시코에 생기다니! 실질적 집주인의 따뜻한 환대에 갑자기 멕시코 여행에 대한 의지가 솟구쳐올랐다.

마리나는 엄마에게 부탁해 둔 멕시코 특유의 컬러와 패턴이 예쁜 팔찌를 내 손목에 채워주었다. 우리는 꼭 껴안고 발렌시아에서의 마지막 작별인사를 했다. 이토록 햇볕 뜨거운 여름에 이별이라니…. 햇빛 눈이 부신 날의 이별은 작은 표정 하나 숨길 수가 없어 비 오는 날보다 더 처절하다는 R.e.f의 노래 가사가 갑자기 생각나며 내 마음을 후벼팠다. 돌아오는 내내 마음의 센치함 대비 너무 화창하고 맑다 못해 내 머리 위에 누군가 거대한 돋보기라도 갖다 대고 비추고 있는 것 같은 더위가 계속되자 정말 이상한 기분이 들었다.

이별의 아쉬움은 잠시였을 뿐. 그 이후로도 마리나와 나는 두 차례나 서로를 만날 기회가 있었다. 한 번은 눈이 예쁘게 쌓인 겨울날의 한국에서, 마리나는 태어나서 눈을 가장 많이 본 날이라며 아이처럼 기뻐했다! 또 한 번은 바로 멕시코에서였다!

멕시코시티에서 재회한 마리나. 멕시코에 머무는 10일 동안 나를 위해 자신의 방을 내어주고 본인은 밤마다 가족들 방을 전전했던 따뜻한 친구.

해외에서 친구를 만나보았는가?

마리나와 헤어지고 나는 발렌시아의 명동 격인 콜론^{Colon}으로 향했다. 옥이 2주간의 휴가를 얻어 한국에서 밀라노를 거쳐 발렌시아로 오고 있었기 때문이다. 메트로역 앞에서 마리나가 준 팔찌를 만지작거리고 있는 사이, 지하 에스컬레이터에서 익숙한 얼굴이 조금씩 보이기 시작했다.

"옥!!!!!!"
"레나!!!!!!"

해외에서 친구를 만나보았는가? 세상 그렇게 반가울 수가 없다.

사실 해외에 나가 한 달만 지나도 아는 사람을 만나면 원수라도 반갑게 인사할 수 있을 것 같은 상태가 되기 마련이다. 하물며 친구라니. 감회가 새로웠다. 내 옆에서 그간 있었던 일을 재잘재잘 들려주는 옥의 이야기를 듣고 있으니, 이곳이 발렌시아가 아닌 한국이 아닐까 싶은 시공간이 분리된 것 같은 경험을 잠시 했다.

마르타는 흔쾌히 옥을 집에 머물게 해주었고 우리를 위해 피데우아 Fideua를 만들어주기까지 했다. 피데우아는 쌀 대신 짧은 파스타 면을 넣는 파에야의 파스타 버전인 셈인데, 해산물의 풍미가 잘 배어나는 요리였다. 나의 인생 음식 반열에 오를 만큼 맛있었던 잊지 못할 피데우아를 만들어준 마르타에게 고맙고 또 고마웠다.

"지중해 물에 몸 담그고 싶어!"

옥은 해수욕에 대한 의지가 강했다. 미술관이나 전시를 보러 다니는 것만 좋아하는 줄 알았는데 의외의 포인트였다. 수영복을 챙겨 오지 않은 옥을 위해 오후에는 콜론으로 쇼핑을 나섰다. 7월의 발렌시아에서 오후 2~6시 사이는 외출을 삼가는 게 좋다. 작열하는 태양에 오징어구이가 되기 십상이다. 하지만 우리에게 시간이 많지 않았기 때문에 어쩔 수 없었다. 콜론에 도착하자 바로 기진맥진.

더위로 지친 우리는 오르차타를 한 잔 마시기로 했다. 쌉싸름하면서도 한국에서 먹었던 쌀 음료 맛이 생각나는데, 컬러나 음료의 농도는 막걸리를 흔들기 전 하얀 침전물과 비슷하다. 시원한 오르차타를 한 잔 들이켜니 다시 좀 걸을 수 있을 것 같았다.

쇼핑을 마치고 저녁에는 까르멘Carmen으로 향했다. 까르멘은 옛 시가지의 모습을 그대로 간직하고 있어 그 자체로 이미 관광지인 곳이다. 미술관과 상점들로 관광객들이 가득하지만 조금만 좁은 골목길로 들어서면 사람이 적고 분위기 좋은 바들이 나온다. 까르멘의 밤거리를 구경하고 그중 한 곳에 들어가 간단히 요기하고 맥주 한잔을 마시고 돌아왔다.

다음 날 아침은 전날 시간이 늦어져서 못 본 발렌시아 미술관을 보러 갔다. 둥근 돔 형태의 미술관 지붕은 어두운 파란색 기와가 얹어져 있는데, 보고 있으면 기분이 좋아져서 내가 가장 좋아하는 발렌시아의 건축물이었다. 엘그레코, 고야, 벨라스케스 등 유명한 화가들의 작품을 볼 수 있다. 하지만 백미는 바로 '호아킨 소로야'라는 발렌시아 출신 화가의 그림이다. 이곳 출신답게 그림의 수가 다른 화가들에 비해 많다.

인상파 화가였던 소로야는 빛에 따라 변하는 다양한 컬러를 포착해 그림에 담았는데, 발렌시아의 해변가에서 발가벗고 물놀이를 즐기는 아이들 그리고 해변가를 산책하는 여인들의 풍경화가 유명하다. 주로 본인의 아이들과 부인을 화폭에 담았던 소로야의 그림은 부유했던 그의 환경 탓인지, 스페인 특유의 밝은 날씨에서 기인한 것인지는 모르겠지만 굉장히 밝고 생동감 넘치는 작품이 대부분이다. 유달리 어두운 스페인 작가들의 작품들 속에서 홀로 지중해의 빛을 담은 듯 반짝이는 그의 그림이 좋았다. 미술관을 나오면서 옥이 가장 먼저 이야기한 화가도 소로야였다.

그렇게 그림으로 지중해를 먼저 영접한 옥은 그길로 바로 바다로 가자고 했다. 말바로사 해변Playa de la Malva-rosa으로 향했다. 끝도 없이 이어지는 긴 말바로사 해변은 걷고 또 걷다 보면 다른 이름의 해변이 나오기도 했지만, 통상 발렌시아 근처에서는 말바로사 해변이라고 불렀다. 혹은 그냥 스페인어로 '해변'인 라쁠라야La Playa라고도 했다.

이미 해변엔 관광객들과 일광욕을 하기 위해 나온 사람들로 가득했다. 우리는 해변 위에 자리를 잡고 타월을 깔고 누웠다. 옥은 실컷 지중해를 즐기고 나왔다. 어떤 의미로 개운해 보이기까지 했다. 짧은 일정이라 발렌시아의 많은 것을 보지는 못했지만 미술관과 해변으로도 꽤 만족한 것처럼 보였다. 맹렬한 태양 아래 해변에 있던 우리는 익을 대로 익어서 집으로 돌아왔다.

다음 날 새벽, 우리는 메트로 첫차를 타고 공항으로 가야 했다. 저렴한 티켓을 고른다는 게 너무 무리했나 싶을 정도로 이른 시간의 티켓을 사 버렸기 때문이었다. 나는 이제 2주간 집을 비울 예정이라 이것저것 정리를 해 두고 짐을 꾸렸다. 혼자 벨기에나 스위스에 갈 때는 긴장감이 앞섰는데, 옥과 함께 이탈리아에 간다고 생각하니 설레는 마음이 컸다. 그리고 이탈리아에 도착했을 때쯤에는 시모나도 그곳에 있을 것이다. 설렘 속에 일찍 잠을 청했다.

다음 날 아직 동도 트기 전 옥을 깨워 부랴부랴 짐을 들고 메트로로 향했다. 플랫폼 안에서 지하철을 기다리는데, 구글맵에서 알려주는 첫차 시간이 이미 지났는데도 오지 않았다. 밖으로 나가 택시를 잡기에도 이미 늦은 시간! 그렇게 발을 동동 구르며 20여 분을 더 기다리자 첫차가 들어왔다. 공항에 사람들이 없기만을 기도할 뿐이었다. 다행히 심장 쫄깃했던 새벽 첫차 지연사태는 우리가 이탈리아 베니스행 비행기를 제시간에 타게 되면서 해피엔딩을 맞이했다.

지금 돌이켜보면 비행기를 놓쳤다 한들 좀 많이 비쌌겠지만 티켓은 다시 구할 수 있었을 테고, 하루 이틀 여행이 늦어진 데도 큰일 따위 없었는데 왜 그렇게 쫄려 했는지…. 그때의 나에게 말을 걸 수 있다면 '쫄지마, 레나야! 비행기를 놓쳐도 너의 여행은 계속될 거야'라고 말해 줄 텐데.

그렇게 이탈리아 여행이 시작되었다.

보복 여행

'보복 여행'이었다. 나에게 이탈리아는 그런 곳이었다.

때는 당시로부터도 10년 전. 대학 동기들과 떠난 배낭여행에서 우리는 유독 이탈리아에 편중된 일정을 계획하고 있었다. 그냥 이탈리아만 한 달을 도는 건 어쩌냐는 이야기가 나올 정도로 가보고 싶은 곳이 많았지만, 그 마음을 꾹꾹 누른 채 5개국을 가는 것으로 일정을 유지했다. 하지만 이탈리아에서만 10일, 그러니까 여행의 1/3을 이탈리아에 할애함으로써 다른 나라에서 보낼 하루 이틀을 당겨써야 했다. 그렇게 애정해 마지않던 이탈리아. 그러나 막상 우리에게 닥친 일은 그 일정을 채우지 못하고 거의 도망치다시피 이탈리아를 벗어나는 것이었다.

일단 로마에서는 함께 간 친구가 카메라를 분실했다. 어느 식당에서 카메라를 테이블 위에 두고 왔는데 뒤늦게 부랴부랴 다시 찾으러 갔을 땐이미 사라진 뒤였다. 물건을 잘 보관해 주는 한국에서의 삶에 익숙한 우리는 이것을 도난사고라고 주장했다. 직원이나 식당 손님이 훔쳐 갔을 거라는 생각이었다.

우리는 이탈리아어를 쏟아내는 식당 직원과 한바탕 언성을 높이며 카메라의 행방에 대해 따지고 있었다. 지나가던 한 행인이 이를 보고 들어왔다. 그녀는 영어가 유창했다. 우리는 자초지종을 설명했고, 그녀가 다시 식당 직원에게 통역해 주었다. 직원은 한사코 모르는 일이라고 했다. 갑작스레 통역을 자처한 현지인은 우리에게 말했다. 일단 저 사람은 카메라를 본 적이 없다고 하고, 이미 없어진 건 찾을 수 있을 것 같지 않으니 주의해서 남은 여행을 즐기라는 것이었다. 그리고 한 마디를 추가했다.

'이곳에서는 절대 테이블 위에 물건을 두지 말 것.'

지금 생각해보면, 분실의 원인은 우리에게 있었다. 하지만 그녀의 조언에도 당시엔 '어쩔 수 없지. 앞으로 조심하고 남은 여행을 즐기자!'라며 쿨하게 넘기지 못했다. 우리는 결국 시간과 공을 들여 로마의 경찰서를 찾아가 카메라 도난 신고를 마쳤다. 경찰은 서류 작성 외에 아무것도 해주진 않았지만, 친구는 고이고이 그 서류를 보관해 뒀다가 한국에 와서 보험 청구를 했다.

이때까지는 그래도 '도난으로 악명 높은 로마에서 카메라 정도로 끝난 것에 감사하자' 하고 우리 스스로 위로했다.

그다음 일은 나폴리에서 일어났다. 이른 아침부터 폼페이를 가기 위해 숙소를 나섰다. 그날은 그 동네에 행사라도 있었는지 주말 아침 곱게 차려입은 아이들이 부모의 손을 잡고서 어딘가를 향해 가고 있었다. 그리고 동시에 시야에 들어오는 길거리의 수많은 쓰레기 더미들…. 나폴리는 유럽이나 이탈리아 상황을 잘 모르던 내가 보아도 치안과 도시 정비 상태가 엉망이었다. 지하로 내려가는 계단 입구는 마치 쓰레기장을 방불케 할 정도로 쓰레기가 쌓이고 쌓이다 못해 거리로 흘러나와 있었다. 무법

지대 같았다.

그래도 역사책에서만 보던 폼페이를 직접 본다니 나는 신이 날 대로 나있어 주변의 쓰레기 더미는 신경도 쓰이지 않았다. 그때였다. 초등학교 2~3학년으로 보이는 한 소년이 다가오더니 내 얼굴에 스노우 스프레이를 뿌리고 사라졌다. 갑작스러운 상황에 모든 행동과 사고가 일시 정지 상태로 멈췄다. 정신을 차리고 얼굴에 묻은 축축한 분사물을 걷어내고 보니 주변의 그 많은 사람들이 아무도 제지하지 않고 그 상황을 가만히 지켜보고 있는 것이었다. 심지어 어떤 사람들은 그 모습을 보며 웃고 있는 것 같았다. 모든 기억은 오류라고 하지만 당시의 상황을 참을 수 없던 나는 그 아이를 찾아내겠다고 나폴리 시내를 걷기 시작했다. 그러다 축제 인파를 만나 재밌는 구경을 하기도 했지만 즐길 기분이 아니었다. 걸음을 내디딜 때마다 보이는 나폴리 길거리의 쓰레기들은 더욱 화를 치밀어 오르게 했다.

'이딴 거지 같은 나라 당장 떠날 테다!'

친구들에게 선언했다. 나는 내일 새벽 기차로 이탈리아를 떠날 것이라고. 친구들도 수긍해 주었다. 우리는 다음 날 아침 가장 빠른 기차를 예약했다. 그리고 향한 곳이 바로 베니스였다. 나폴리에서의 악몽에도 불구하고 친구는 베니스를 꼭 보고 싶다고 했고, 그 점은 나도 동의했다. 그런 이중적인 마음으로 베니스에 도착했지만 우리는 하루도 채 머물지 못하고 스위스로 향했다. 정말 도망치듯 이탈리아를 벗어난 경험이었다.

그로부터 10년 뒤, 나는 다시 베니스, 나폴리, 시칠리섬을 여행하겠다고 이탈리아에 가고 있었다. 어느덧 우리가 탄 비행기가 베니스 공항에 도착했다. 공항 주변은 운하와 수로가 있는 익히 아는 베니스의 모습이 아니라 평범한 시골 마을 같아 색다른 느낌이 들었다. 버스를 타고 이동하니 슬슬 익숙한 베니스 풍경이 보였다. 그 안에 있을 때는 낭만적으로만 보였던 도시가 바깥에서 바라보니 어딘가 불안하기 짝이 없었다.

원래 베니스는 진흙밭을 간척하여 만든 도시라고 한다. 지금 와서 보면 개펄에 통나무 기둥을 박고 그 위에 기단과 돌을 얹어 만들어진 수상가옥이라는 표현이 조금 더 적절한 도시였다. 9세기경에 만들어진 108개의 섬과 그 사이를 지나는 운하 그리고 그 섬들을 이어주는 다리들. 이것이 우리가 '낭만의 도시'라 부르는 베니스다. 이 도시를 지탱하기 위해 박은 말뚝만 해도 천만 개가 넘는다고 하는데 천 년을 넘는 시간 동안 이 통나무들이 버텨줄 리가 없었다. 지금도 베니스는 보수 중이고 앞으로도 그럴 것이다.

항간에는 지구 온난화로 인한 해수면 상승으로 베니스가 곧 바다에 잠기니 빨리 보고 오라는 이야기가 있을 정도였다. 실제로 베니스에서 느껴지는 건 낭만보다는 안타까움이었다. 많은 건물의 1층으로 보이는 곳들이 물에 잠겨 있어 언뜻 보면 홍수로 인한 침수가 일어난 것처럼 보이기까지 했다.

    우리가 머문 숙소 역시 천 년을 지탱해 준 나무 말뚝 위에 세워진 2층 집이었다. 옥이 예약해 둔 에어비앤비였다. 안타깝게도 그 일대에 촘촘히 들어선 건물들에 가려져 수상 뷰를 즐길 수는 없었지만 이탈리아의 가정집처럼 느껴지는 따뜻한 곳이었다.

    새벽부터 발렌시아를 떠나 오전 9시도 되기 전에 베니스에 도착한 우리는 체크인도 못 하고 짐만 겨우 맡기고 나와 주변을 둘러보기 시작했다. 아직 아침인데도 해가 중천에 떠서 날이 더웠다. 우리는 어느 카페에 들어갔다. 밀라노의 친구 집에서 며칠 머물다 온 옥이 이탈리아에는 스타벅스의 프라푸치노 같은 커피 슬러시가 있다며 '크레마 카페' 두 잔을 주문했다. 무더위에 곧 죽어도 뜨거운 커피만 마시는 스페인사람들은 왜 이걸 안 만들어 먹는 거냐며, 마치 시모나가 빙의한 듯 스페인 커피를 맹비난하며 이탈리아의 크레마 카페를 즐겼다.

    '뭐, 스페인에는 오르차타가 있으니까!'라고 하기엔 차가운 커피는 사랑이었다.

19세기 '부캐'의 원조

첫날 일정은 오후에 출발할 베니스 가이드 투어뿐이었다. 발렌시아도 그랬지만 7월의 베니스는 관광객들로 어딜 가도 인산인해였고 날이 너무나도 더웠다. 산 마르코 광장을 돌아다니다가 건물 밖에 나붙은 커다란 포스터를 발견했다. 정글처럼 보이는 그림 위에 'Henri Rousseau'라는 글자가 적혀 있었다. 그게 프랑스 사람의 이름인 줄도 몰랐던 나는 '헨리… 그다음은 뭐라고 읽는 거지?' 하며 고개를 갸우뚱하고 있었다.

"옥, 나 저 그림 어디선가 본 거 같은데."
"꺅! 루소다!!! 레나, 앙리 루소 좋아해? 우리 저 전시회 보러 가자."

그렇게 갑자기 들어가게 된 앙리 루소의 전시회. 사실 루소의 그림을 몇 번 본 적은 있었지만 그에 관해서는 잘 알지 못했다. 하지만 미술 전시회라면 일부러 찾아서도 가는데, 눈앞의 전시회를 마다할 이유가 없었다. 우리는 이내 화가에 대한 소개와 연혁을 읽어 나가며 루소의 전시회에 푹 빠져들었다.

루소는 19세기 프랑스 화가이다. 본격적으로 화가로 살기 전까지 파리의 세관원으로 근무한다. 낮에는 세관원으로 일하고 밤에는 그림을 그리던 루소의 모습은 어딘지 현대인의 모습을 닮았다. 요즘식 표현으로 '부캐'를 갖고 있던 셈이었다.

또 한 가지 흥미로운 사실은 루소의 그림엔 이국적인 정글을 배경으로 야생 동물과 식물이 등장하는데, 루소는 일생 동안 프랑스를 단 한 번도 벗어난 적이 없었다고 한다. 왓?? 그는 자신의 작품 세계를 재현하기 위해 자연사 박물관과 파리의 동물원과 식물원을 자주 찾았고, 프랑스에서 구할 수 있는 사진집과 인쇄물을 참고하여 오로지 상상에 의지해서 그림을 그려 왔던 것이다. 아이러니하게도 그는 스스로를 프랑스 최고의 '사실주의 화가'로 평가했다고 한다.

루소는 49세에 20년 넘게 일한 세관원 직을 벗어던지고 전업 화가의 길을 걷는다. 세관원이란 타이틀 때문에 고리타분함과 고지식한 이미지가 강하지만, 그의 그림을 보면 굉장히 유쾌하고 어딘가 엉뚱하다고 느껴지는 부분들이 많다.

나는 루소의 작품들 중 그의 자화상이 유난히 좋았다. 세관원이 입을

〈Myself: Portrait, Landscape〉 1890

법한 검은 양복에 베레모를 쓴 루소가 팔레트와 붓을 들고 캔버스 한가운데에 서있는데, 그 뒤에 만국기가 걸린 배, 하늘로 떠다니는 열기구, 저 멀리 에펠탑까지 보인다. 바로 파리에서 열리는 만국박람회를 의미하는 배경이었다. 해외 사진집과 박물관에 의존해 작품을 표현해 온 그였기에 파리의 만국박람회를 보고는 또 얼마나 눈에서 하트를 발사했을지 눈앞에 그려졌다.

정규 미술교육을 받은 적이 없으며 한 번도 가보지 못한 미지의 세계를 상상에 기반해서 그린 루소의 이력을 이해하자, 처음 전시회장에 들어섰을 때 느낀 '생뚱맞음'이 전시를 다 보고 나올 즈음에는 더 이상 그렇게 느껴지지 않았다.

루소는 평일에는 근무를 하고 주말에 그림을 그렸다고 해서 '일요화가'라로 불렸다고 한다. 휴일도 단 하루밖에 없던 '주 6일제' 시절이었다. 주말 이틀도 부족하다 느끼는데, 루소는 오죽했을까. 그 옛날 '부캐'를 가지고 오십 줄에 이르러 새로운 인생을 꿈꾸던 루소의 삶이 그래서 더 대단하고 존경스럽다. 어쩌면, 내게 에세이스트로 새로운 영역에 도전해 볼 영감을 준 이도 그일지 모르겠다.

나폴리 3대 피자는 식어도 맛있다

　이틀간의 베니스비엔날레 관람을 마치고 베니스에서의 마지막 날 아침. 옥은 밀라노로, 나는 나폴리로 갈 예정이었다. 우리는 기차역 앞에서 각자의 여정을 응원하며 헤어지게 됐다.

　옥은 '다음엔 한국에서 봐!'라고 마지막 인사를 건넸다. 옥과 헤어진 후, '정말 다음은 한국이겠지?'라는 생각이 들자 여행에 전의가 불탔다. 언젠가 끝나는 여행이라면 즐겁게 다녀야지! '일단 가보자'는 생각으로 아무런 일정을 생각하지 않고 우선 나폴리행 기차에 올랐다. 그리고 도착한 나폴리역은 당시 재건축 중이어서 어딘가 생경한 모습이었다. 나폴리는 세계 3대 미항으로도 유명하지만, 중앙역은 여행객들에게 소매치기로도 유명한 곳이라 빠르게 이곳을 벗어나야겠다는 생각밖에 없었다.

　숙소로 가는 기차는 일반 기차와는 다른 플랫폼에 있는 듯했다. 안내 표지를 따라가니 어느새 지하로 이동하고 있었다. 그곳에는 정말 낡고 작은 열차가 한 대 서 있었다. 창문이 죄다 열려 있고, 2개씩 나란히 있는 좌석들 사이는 한 사람이 겨우 통과할 수 있을 정도로 좁았다.

　바로 악명 높은 이탈리아 사철[13]이었다. 열차가 밖으로 나가니 왜 창이 다 열려 있는지 알 수 있었다. 에어컨이 없고 사람들이 많아 끔찍하게 더웠다. 얼마나 낡고 더러웠는지 다른 비교할 만한 걸 찾을 수가 없

───────────────
13. 사기업이 운영하는 전철.

었다. 베니스를 떠나기 전 예약한 숙소는 이 사철을 타고 이동한 뒤 다시 버스로 갈아타야 하는 곳에 있었다. 그 지점에서 나는 평소라면 하지 않을 행동을 하게 된다. 원래 예약한 숙소에 가지 않기로 한 것이다! 도저히 이 더위에 매번 사철과 버스를 반복해 가며 움직일 자신이 없었다. 이미 1박을 지불했지만, 더위와 사투할 생각을 하니 그렇게 아깝다는 생각이 들지 않았다.

대신 지금 탄 사철이 도착하는 지점에서 짧은 시간 안에 걸어서 갈 수 있는 호스텔 하나를 찾았다. 역에서 내려 짐을 끌고 걸어가는데 구글맵의 한계를 다시금 느꼈다. 엄청난 경사가 나온 것이다. 언덕 위에 위치했을 줄이야. 결국 나는 뙤약볕과 싸워가며 오르막길을 오르기 시작했다.

숙소에 도착해서 방이 있냐고 물어보니 도미토리 침대만 남아있다고 했다. 성수기인 7월이니 그럴 법도 했다. 나는 도미토리 침대 2박 3일을 예약했다. 이마저도 없어 다른 숙소를 찾으러 다니게 될까 두려웠다. 방에 들어가니 2층 침대 4개가 놓여있었다. 그중 한 칸에 한 여자가 누워있다가 내가 들어가니 굉장히 반갑게 맞아주었다. 나는 그녀의 친절함과는 별개로 이상한 기분을 느꼈다. 모두가 여행을 나가고 아무도 없는 한낮에 침대에 누워있다는 점이 가장 이상했다. 그녀에게 어디서 왔는지 물어보자 이탈리아 출신이라고 했다. 여행객들이 득실거리는 호스텔에 머무는 현지인이라니… 머릿속이 혼란스러워지려고 했다. 무슨 사연이 있겠지. 나는 그녀에게 더 이상 물어보지 않기로 했다.

나폴리에 왔으니 카프리섬과 폼페이를 재도전하기로 했다. 마치 내가 완수해야 할 과업인 것처럼 그것은 무조건적이었다. 여행을 다니다 보면 호텔이나 호스텔에서 그 도시의 관광 투어를 연결해주는 경우가 꽤 있다. 이번에도 기대했는데 이 숙소는 그런 연결은 따로 해주지 않는다고 딱 잘라 말했다. 숙소의 인근은 항구 말고 무엇이 있는지 도통 알 수가 없었다. 하는 수 없이 나는 다시 그 덥고 더러운 사철을 타고 기차역으로 돌아왔다.

'중앙역 주변이라면 투어리스트 인포메이션 센터도 있을 테고, 여행사들도 있을 테니까' 하는 기대감으로 역 밖을 나왔지만, 재건축 중인 역사 주변은 온통 공사판이라 여기저기 길이 가로막혀 있고 태양은 그늘 하나 없이 지독하게 내리쬐고 있었다.

"하아⋯⋯."

민소매를 입어 양어깨 끝이 타들어갈 것 같았다. 중앙역 주변을 맴돌았지만 그 흔한 여행사도 보이지 않았다. 다시 역으로 돌아와 사람들에게 물어보니 역사 구석에 작은 여행사가 있어서 나를 도와줄 수 있을 거라고 했다. 그렇게 겨우 찾게 된 여행사라 하기에는 너무 작은 여행사 창구. 그곳에서 다행히 카프리섬 투어를 예약하는 데 성공하고 그제야 마음 편히 나폴리 주변을 돌아다니기 시작했다. 더위로 사람들은 많지 않았고 거리에는 노점상과 가판대가 늘어서 있었다. 길이라도 한번 건널라치면 차들이 나를 거의 치기 직전에야 브레이크를 밟아서 심장이 덜컥덜컥했다. 이곳은 여전히 무법지대였다.

인근에 영화 〈먹고, 사랑하고, 기도하라〉에 나오는 나폴리 3대 피자 맛집이 있다고 해서 가보기로 했다. 유명하지만 굉장히 작은 식당이어서 웨이팅이 어마어마하다는 리뷰를 본 적 있었다. 겨우 찾아서 도착하니 문이 닫혀있었다. 건너편에는 앞치마를 두르고 콧수염 난 아저씨들이 담배를 피우며 대화를 나누고 있는 모습이 보였다. 느낌상 그 아저씨들이 여기서 일하는 사람들 같았다. 순간적으로 나는 뻔뻔해지기로 했다. 아저씨들에게 영어로 말을 걸었다.

"여기 언제 다시 오픈하죠?"

서로 얼굴을 마주보며 어리둥절해하는 아저씨들. 그렇게 많은 관광객들이 찾아오지만 영어를 쓸 줄 모르는 현지인들은 은근히 많다. 나는 혹시나 하는 마음에 짧은 스페인어로 다시 물었다.

"언제 가게를 열죠?"

그러자 아저씨들이 엄청난 스피드로 이탈리아어를 쏟아내기 시작했다. 나는 천천히 말해 달라고 했다. 그때부터 기이한 상황이 연출됐다. 나는 스페인어로 어버버버 질문하고, 상대방은 평소보다 살짝 느리게 이탈리아어로 말하는데 서로의 말을 알아듣는 상황! 그만큼 스페인어와 이탈리아어는 비슷했다.
와. 어쩐지 시모나가 스페인에 온 지 일주일 만에 스페인어를 모국어처럼 말을 하더라니. 지지배. 그런 거였냐.

아저씨들은 1시간 후에 가게를 열 테니, 그때 다시 오라고 얘기해 주었다. 물론 대화가 아주 매끄러웠던 것은 아니지만 일단 서로 해야 할 말을 전달하고는 이따 다시 돌아오겠다 인사하고 잠시 사라졌다. 그리고 나는 1시간 뒤에 오라는 이야기를 무시하고 오픈 20분 전에 다시 가게로 향했다. 이미 내 앞에 두 팀 정도 대기하고 있었는데, 한 10분쯤 기다리자 들어오라고 했다. 일찍 오는 습관이 이럴 때 도움이 됐다. 작은 테이블이 빼곡하게 들어찬 작고 아담한 가게였다.

몇 가지 메뉴가 있었지만 나폴리에 온 만큼 시그니처인 마르게리따 피자와 맥주를 시켰다. 맥주 한 잔에 그날 하루의 피로와 더위가 싸악- 가시는 것 같았다. 이어서 화덕에서 갓 구운 피자가 나왔는데 역시나 컸다. 피자는 모름지기 사람들과 조각조각 나눠먹어 버릇만 했던 나에게 유럽의 1인 1판 피자 문화는 쉽지 않았다. 결국 먹다 먹다 지쳐서 남은 피자는 포장해달라고 하고 들고 나왔다. 가게 앞에는 블로그에서 말하던 어마어마하게 긴 행렬이 이어지고 있었다.

〈먹고, 사랑하고, 기도하라〉의 소박하던 나폴리 피자 3대 맛집.

그날 한 것이라곤 피자 먹고 나폴리 길거리를 헤매다시피 배회한 것뿐. 하지만 여행을 다니다 보면 이런 시간들이 항상 존재하기 마련이다. 언제나 아름다운 뷰를 보고, 맛있는 걸 먹는 순간만이 여행인 건 아니었다. 사람들이 올려놓은 여행후기엔 예쁘고 멋진 사진들로 가득하지만 물론 그렇지 않은 후기도 많이 있다. 그 이면에 사람들에게 굳이 보여주지 않는 과정들은 언제나, 어디에나 있는 법이니까.

저녁은 나가서 먹기에 시간이 애매해서 숙소의 카페테리아에 앉아 혼자 차갑게 식은 피자를 먹기 시작했다. 오늘 아침까지 함께했던 옥의 부재가 느껴지며 갑자기 쓸쓸함이 밀려왔다. 그래도 이 피자는 식으니까 더 맛있다며 야무지게 먹고 일찍 침대에 몸을 뉘었다. 그때까지도 같은 방의 머리를 풀어헤친 여자가 방에서 한 발자국도 나가지 않은 채 침대에 누워 있는 것을 이상하게 여기면서 말이다.

파파보이와 맘마미아 고개

카프리섬으로 떠나는 날, 숙소 근처 작은 성당 앞에서 검은 밴이 나를 픽업했다. 멀리서부터 검은 밴이 다가오자 순간적으로 몸이 움찔했고, 어두운 차창 안으로 운전석과 보조석에 한 명씩 앉아있는 게 보였다. 남자 둘이 나란히 앉아있는 시꺼먼 차를 보고 나니, 정말 이 차를 타야 하나 1초 정도 고민이 들었다. 하지만 하얀 밴이었으면 괜찮았을까? 일단 차에 올랐다. 나는 당시 '유럽은 인본주의가 강하니까, 최악의 경우 큰일이 나봐야 돈이나 좀 잃겠지'라는 생각을 갖고 여행에 임했었다.

두 사람은 밖에서 볼 때는 몰랐는데 꽤 젊은 청년들이었다. 친화력 있는 스타일이어서 그런지 이탈리아의 어느 마을에 가면 사람들이 친화력이 없을까… 항구로 가는 길 내내 이야기하다 보니 어느새 목적지에 도착해 있었다. 운전석 청년이 잘 다녀오라고 웃어주는데 나도 처음의 두려움과 달리 내릴 때는 아는 사람이 데려다준 것처럼 이따 오후에 보자고 정겹게 손을 흔들었다.

안내인을 따라가 보니 하얀 리넨 셔츠를 입은 남자가 기다리고 있었다. 오늘 투어의 가이드였다. 그 옆에 얼굴엔 선글라스, 머리엔 모자를 쓰고 금목걸이와 반지로 한껏 멋을 부린 할아버지 한 분이 계셨다. 가이드가 자신의 아버지라고 소개했다.

나는 또 순간적으로 이 업계의 아버지라는 소리인지, 정말 혈연관계인지 행간을 한참 읽었다. 나를 데려다준 안내인에게 슬쩍 물었다.

"진짜 아빠야?"
"응!!! 진짜 아빠야!"
"혈연관계라고?"
"응!!!"

이탈리아에는 마마보이들이 많다는 이야기는 들었는데 웬 파파보이가
아버지랑 함께 가이드라도 해주나 싶었지만, 그의 아버지와는 거기서 작
별인사를 했다. 그리고 파파보이는 아버지가 떠나자 언제 그랬냐는 듯 자
기 일에 열심인 평범한 가이드로 돌아왔다. 가이드를 따라 가니 우리가
탈 배 앞에 20명 남짓한 투어 일행이 모여 있었다. 다들 가족 단위나 연
인들이었고 나처럼 혼자 여행을 온 사람은 3명이었다. 바로 캐나다에서
온 멜라니Melanie와 호주에서 온 데이브Dave였다.

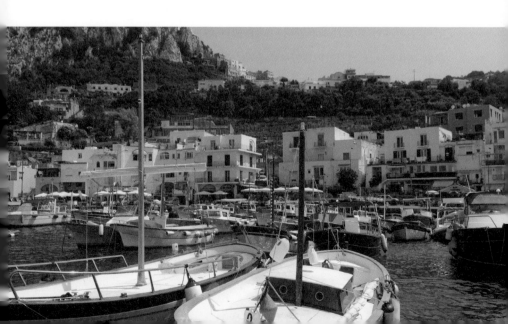

멜라니는 은퇴하고 여행을 다니는 노년의 여성이었고, 데이브는 한 달 휴가 동안 유럽여행 중인 30대 직장인이었다. 가이드는 투어를 원활하고 안전하게 리드하기 위해 투어 참가자들을 그룹핑해주고, 그 안에서 케어하게끔 유도했다. 우리를 제외하고 각자 가족이나 파트너로 그룹이 만들어져 있어서 셋이 친구처럼 다니라고 조언해 줬다. 그렇게 우리는 약간의 의무감을 갖고 3명이 함께 다니게 되었다.

바람이 좀 불었지만, 하늘이 청명하고 오후에는 불볕더위가 예상되는 아침의 시작이었다. 배를 타고 카프리섬으로 이동하자 과거 함께 이곳을 오기로 했던 친구들이 생각났다. 카프리섬은 다른 친구들보다 내 의지가 강하게 반영된 곳이었다. 결국 배도 못 타보고 떠나야 했지만 말이다.

혼자 감개무량해질 무렵 멜라니 아줌마가 말을 걸었다. 우리가 오늘 투어하는 동안 서로를 잘 챙기고 함께 다녀야 하니 자기소개를 하자는 것이었다. 데이브와 나도 어색하게 각자 소개를 했다. 그러는 사이 배가 카프리섬에 도착했다. 아주 오랜 옛날에는 작은 어촌마을이었을 모습이 눈에 훤한 곳이었다. 관광객이 많아서 그렇지 사람들과 호텔 그리고 기념품 가게를 걷어내면 작고 소박하지만 아기자기한 마을 풍경이 눈에 들어왔다.

항구에서 바로 투어차량에 탑승했다. 그 작은 미니버스에 20명이 다 들어가는 게 신기했다. 곧이어 버스는 '맘마미아 고개'를 향해 출발했다. 지그재그로 난 오르막길을 오르는데 갈수록 길이 좁아 들더니 높이 올라갈수록 도로의 끝과 지면의 끝이 가까워지면서 낭떠러지를 향해 가는 기분이 들었다. 그 와중에 바로 옆으로 차라도 한 대 지나갈라치면 반대쪽 차의 창문에 기대고 있는 사람과 이쪽 창문에 기대고 있는 내 얼굴이 맞

닿을 것처럼 겨우 서로를 비껴가고 있었다.

가이드는 이 지역 운전기사들에게 엄청난 자부심이 있는지 버스가 옆을 한 대씩 지나갈 때마다 잘 보라며 소리를 높여 사람들을 집중시켰다. 재밌는 구경이긴 했다. 그러는 사이 '와. 진짜 이건 떨어지겠다' 싶은 언덕을 지나는데 그곳이 바로 '맘마미아 고개'였다. 영어로 치면 '오 마이 갓Oh my god'과 같은 표현인 '맘마미아Mamma Mia!' 놀라움의 상황에서 신을 찾느냐, 엄마를 찾느냐의 차이인데 마마보이들이 많다는 이탈리아는 말해 무엇하겠는가.

맘마미아 고개 이후로 투어는 카프리섬의 절경을 볼 수 있는 곤돌라, '황제의 별장'이라 부르는 아우구스투스의 정원으로 이어졌다. 하지만 푸른동굴에만 모든 신경이 쏠린 나에게 이 모든 여정은 하나도 중요하지가 않았다. 그리고 오후 느지막이 마지막 일정인 대망의 '푸른동굴 투어'가 시작되었다. 항구 반대편 작은 선착장에서 처음 타고 온 배보다 조금 작은 요트에 몸을 실었다. 유난히 반짝이는 파도가 일렁이는 바다에는 크고 작은 요트들이 떠다녔고, 그 안에서 바다로 몸을 던지며 수영을 즐기거나 태닝을 하는 사람들도 눈에 띄었다. 그렇게 주변을 구경하는 사이 우리가 탄 요트는 카프리섬 일대의 유명한 바위와 작은 섬들을 지나 서서히 푸른동굴로 향하고 있었다.

뜻대로 되는 건 없지만, 파스타가 맛있어

세상에 내 맘 같지 않고, 내 뜻대로 되지 않는 것들이 있다.

언젠가 호주에서는 95%의 확률로 이 확률의 수치는 누가, 어떻게 뽑은 것인지 이제 와 괜히 의심스럽다. 돌고래를 보면서 바다 카야킹을 할 수 있다는 이야기에 파도와 싸워가며 노를 저었지만 결국 바다거북 등껍질만 살짝 보고 돌아왔었다. 이집트에서는 매우 낮은 확률로 듀공을 볼 수 있다는 얘기에 신이 나서 굳이 스쿠버다이빙 자격증에 도전해 가며 바다에 들어갔지만 니모들만 잔뜩 보고 나왔다.

핀란드에서는 어떤가. 나의 오랜 염원 중 하나였던 오로라를 보기 위해 결제한 '오로라 헌팅' 투어만 세 번. 물가도 보통 비싼 나라가 아니었는데. 오로라는 빛이 차단되고 지대가 높은 곳에 가야 만날 수 있는 확률이 높다기에 헉헉거리며 등산까지 했지만, 결국 카메라에 스타워즈 광선검 같은 섬광이 찍힌 것 빼고는 오로라 비슷한 것도 보지 못한 채 터덜터덜 돌아와야 했다.

이제 나는 또 다른 확률에 도전하고 있었다. 카프리섬의 푸른동굴. 이곳에 가기 위해 나폴리에만 어느새 두 번째 방문한 나였다. 첫 번째 도전은 동굴 근처도 못 가본 채 끝이 났다. 그리고 이번이 두 번째 도전이었다.

푸른동굴은 바다 위에 생긴 아주 작은 동굴이다. 성인은 몸을 뒤로 눕혀서 들어가야 할 만큼 좁은 입구의 푸른동굴. 그 좁은 입구로 들어오는 빛이 푸른 바닷물에 반사되어 동굴 안이 마치 파란 조명이라도 켜놓은 것처럼 신비로운 빛을 만들어낸다고 해서 '푸른동굴Grotta Azzura'이라고 불렸다. 동굴 근처에 도착하니 시장바닥처럼 바다 위에 배가 바글바글 모여 있었다. 다들 푸른동굴에 들어가기 위해 대기 중이었다. 가이드는 수십 번을 강조했다. 파도 높이에 따라서 들어갈 수도 있고, 들어가지 못할 수도 있다고.

그리고 그날 우리는 결국 푸른동굴 입구만 보고 돌아와야 했다. 아쉬운 마음에 동굴 입구라도 앞에서 보기 위해 좀 더 가까이 요트를 이동시켰다. 요트를 가까이 붙이는 것도 순서를 기다려야 했는데 맛집 행렬도 이런 기다림은 아니지 싶을 정도로 줄이 길었다. 긴 기다림 끝에 요트가 동굴 근처까지 접근했지만, 일순간 파도가 일면서 배가 당장이라도 바위와 부딪힐 것처럼 사납게 출렁거렸다. 그 덕에 정신이 아찔해져 푸른동굴로 들어가고 싶다는 마음이 의외로 쉽게 꺾였다. 이런 걸 노리고 근처까지 요트를 대는 건가.

요트가 선착장에 돌아오며 카프리섬 투어가 끝났다. 마리나그란데 Marina grande 항구에는 아침에 나를 항구까지 데려다주었던 안내인이 차를 대기시키고 기다리고 있었다. 이번에는 멜라니 아줌마와 데이브도 함께 타고 돌아갔다. 멜라니 아줌마가 먼저 내리고 다음이 데이브, 마지막이 나였다. 한 명, 한 명 내릴 때마다 작별인사를 했다.

멜라니 아줌마는 짧은 하루를 함께했지만 아쉬웠는지 연락하라며 이메일 주소를 알려주셨다. 그러고 보니 푸른동굴에 갈 수 있을지 없을지만을 생각하느라 불편한 몸으로 혼자 여행을 다니는 그녀에 관해 물어본 게 별로 없었다. 결국 푸른동굴엔 들어가 보지도 못한 채 왔던 길을 되돌아왔는데 말이다. 멜라니 아줌마는 그 후로 여행을 잘 마치고 캐나다로 잘 돌아갔을까? 내가 그날 푸른동굴을 보았다면 성공적인 여행이라고 말할 수 있었을까? 여행에 '성공적'이란 수식어가 붙을 수 있을까.

숙소로 돌아오자 길게 머리를 풀어헤친 여자가 여전히 다리를 침대 난간에 걸치고 누워있었다. 이쯤 되니 이 호스텔의 지박령인가 싶기도 했다. 피곤했지만 저녁을 먹으러 숙소 근처 바닷가를 향했다. 해안 도로처럼 산책로가 나있었다. 천천히 둘러보다 한 레스토랑에 들어갔다.

메뉴를 찬찬히 보는데 웨이터가 테이블로 왔다. 손님이 거의 없던 시간이라 그런지 그는 어디서 왔냐, 언제 왔냐 등등 이것저것 물어보기 시작했다. 아마 이곳 주변은 관광객들이 많지 않아 궁금했나 보다. 아니면 혼자 있던 내가 안쓰러워 보여 취한 배려의 액션이었던 걸까?

이탈리아 음식은 더 이상 새로울 게 없다고 생각했는데 이 식당 메뉴에는 내가 아는 메뉴가 없었다. 파스타로 추정되는 메뉴를 하나 골랐다. 토마토와 모차렐라 치즈가 적혀 있어 익숙한 맛일 거라는 단정 하에. 웨이터는 나폴리식 메뉴라며 잘 골랐다고 칭찬해주었다. 살짝 기대되었다. 길이가 짧은 숏 파스타에 생김새는 살짝 더 통통한 우동면을 잘라 낸 것 같은 모양이었다. 면을 감싸는 소스는 토마토 베이스에 고기가 들어가지 않고 토마토 잔해가 보이는 깔끔한 소스였다. 그 주위에는 둥근 단면의 모차렐라 치즈가 빙 둘러져 있고 방금 따다가 올린 듯한 바질 잎 4~5장이 파스타 위에 치즈랑 같이 뿌려져있었다.

어딘가 익숙한 듯 본 적 없는 비주얼. 가만 보니 나폴리 피자인 '마르게리따'와 재료가 똑같았다. 바로 마르게리따 피자의 파스타 버전이었던 것이다. 현지인들이 즐겨 먹을 것 같은 소박하면서도 친근함이 느껴지는 음식이었다. 뜻대로 되는 일 없는 하루의 마무리로 얻은 작은 선물. 언젠가 다시 푸른동굴을 만나러 오라고 이탈리아가 주는 위로였을까?

폼페이 가는 길

폼페이로 가는 사철 안. 아직 이른 아침이었는데도 더위가 맹렬했다. 이런 날 폼페이를 가게 되다니. 사실 바깥의 기온과 상관없이 폼페이로 향하는 사철 안은 앉기는커녕 몸 하나 기댈 곳 없이 사람들이 가득한 데다, 에어컨도 없어서 더운 온기가 열기가 되고 그 열기가 식을 새 없이 후끈 달아오르고 있었다.

일단 아무 준비 없이 떠났다. 가끔 나는 이런 게으름을 부리는데 목적지가 너무 뻔한 경우다. 폼페이에 가면 사람들이 무엇을 하겠는가! 바로 폼페이 유적지다! 미리 투어 같은 거라도 예약했으면 좋았겠지만 폼페이 역에 내리면 투어에 참가할 사람들을 찾는 호객꾼들이 많다고 해서 굳이 찾아보지 않았다.

일단 사철을 타고 보니 관광객들로 보이는 사람들이 눈에 띄었다. 어느 순간 사철 제일 끄트머리에 약간의 여유가 생겼길래 그쪽으로 이동했다. 그곳엔 한국인 여성 2명이 서있었다. '이 사람들도 당연히 폼페이에 가겠지'라는 생각이 들었다. 기차도 한 번 갈아타야 하는데 그들 옆에 있으면 잘못 타거나 놓치는 일이 없을 것 같아 자체적으로 도움을 받기로 결정했다.

그때 갑자기 한 사람이 스마트폰 보조 충전기를 가지고 오지 않았다며 당황해하는 것이었다. '오지라퍼'인 나는 "빌려드릴까요?"라며 선뜻 충전기를 건넸다. 그녀는 기쁘게 받아들였고 그 계기로 그녀들과 자연스럽게 대화하게 되었다. 둘은 자매라고 했다. 그런데 자매가 함께 여행을 다닐 정도면 사이가 꽤 좋을 텐데 어쩐지 여행을 다니는 그녀들의 얼굴이 어딘가 그늘져 보였다.

"두 분도 폼페이로 가시는 거죠?"
"네. 맞아요. 폼페이 가시는 거죠?"
"네. 근데 혹시 가셔서 어떻게 돌아보실 계획이세요?"
"저희는 한국인 가이드 투어 신청했어요! 투어 신청하셨어요?"
"아니요. 폼페이역에 도착하면 그 자리에서 참가할 수 있는 투어가 많다고 해서 아직 안 했어요."
"아… 저희는 현지인보다 한국인 가이드가 좋아서요. 혹시 필요하시면 여기 가이드 카카오톡 아이디 알려드릴게요! 한국사람들한테 유명한 곳이에요!"

그리하여 폼페이 가는 기차 안에서 투어 예약을 하게 되었다. 곧이어 그녀들이 둘만의 여행에 끼어든 나에게 기다렸다는 듯이 들려준 얘기는 엄청났다. 자매 중 언니 쪽은 유럽여행에 오기 전 오랜 해외 생활을 하다 정리하고 한국으로 귀국하는 시점이었다고 한다. 동생의 유럽여행 계획을 알게 된 언니가 함께하게 되면서 자매의 여행이 시작되었다.
그들은 전날 나폴리에 도착해서 근처의 작은 호텔에 머물기로 결정한다. 고작 이틀 정도 머물 예정이었기에 나폴리 주변에 예쁜 소도시들이 많으니 봐서 숙소를 옮길 생각도 갖고 있었다. 그런데 체크인하고 잠시 호텔 로비에 앉아있는 사이 의자 위에 둔 가방이 사라진 것이다. 가방도 값나가는 명품이었는 데다가 안에는 무려 천만 원이 넘는 돈이 들어있었다고 했다. 사람들로 가득 차 더 이상 움직일 자리도 없는 사철에서 놀라움에 나도 모르게 몸이 뒤로 물러났다.

"천만 원이요??????"

해외살이를 정리하면서 수중에 있던 돈을 송금하자니 수수료가 아깝고, 어차피 어느 정도 여행경비로 사용할 테니 조심해서 들고 다니자는 마음으로 가져왔다는 것이었다. 호텔에도 항의하고, 경찰에도 신고했지만 찾을 수 없다는 얘기만 돌아올 뿐 현금이라 얼마나 갖고 있었는지 증명해낼 수도 없는 상황이었다. 그녀들에게서 느낀 그늘은 사실 비통해하고 있는 모습이었다. 그 큰돈을 왜 들고 다니냐고 말해 봐야 이미 벌어진 일이고 그녀가 가장 많이 자책하는 부분일 테니 더 이상의 말은 하지 않았다. 혹시 위로가 될까 싶어 남이 겪은 더 큰 고통 한 편을 이야기해 주었다. 친구의 언니가 신혼여행지인 바르셀로나에 도착하자마자 가지고 간 축의금을 그대로 털린 사연이었다. 효과가 조금 있는 것도 같았다.
이야기를 다 듣고 나니 폐허의 흔적이 가득한 폼페이역에 도착했다. 나는 자연스럽게 자매와 함께 이동하게 되었다. 역 앞부터 폼페이 유적지 들어가는 길까지는 사람들이 말한 것처럼 수많은 호객꾼이 나와 책을 팔거나 투어를 권유했다. 만약 중간에 그녀들을 만나지 못했으면 이 호객꾼들 틈에서 가장 괜찮은 가이드를 해줄 사람을 찾고, 심지어 가격도 흥정해야 했는데 그 일을 겪지 않아도 돼서 다행이라고 느껴졌다. 흥정이라니 생각만 해도 피곤했다. 가이드를 만나 투어 금액을 지불하니 그때부터는 모든 것이 편했다. 가이드가 쥐여 주는 입장권을 받아들고 안으로 들어갔다.

이탈리아에서 유적지를 투어할 때, 한국인 가이드 외에도 항상 현지인 가이드가 1명 따라붙는 것에 대해서 알고 있는가? 이탈리아는 나라 안에 지정된 유적지, 미술관, 박물관 등의 관광지에서 진행되는 모든 투어에 현지인 가이드가 1명 이상 있어야 한다는 것을 법으로 정해 놓고 있다. 그래서 로마건, 나폴리건, 폼페이건 한국인 가이드가 진행하는 투어에는 '아뇽하세요우' 같은 어색한 한국어를 구사하는 환한 미소의 현지인 가이드가 꼭 한 명씩 껴 있곤 한다. 실업 대책으로 만든 정책일까? 사람 사는 곳은 다 재미있다는 생각이 들었다.

폼페이는 인근의 베수비오 화산폭발로 2,000년 전 화산재로 덮인 채 그대로 박제되어버린 로마 고대도시다. 하늘에서 비 오듯 쏟아져 내린 흙과 돌에 파묻힌 도시 그리고 고온의 가스와 열에 고통스럽게 죽어간 사람들. 도시인구의 약 20%가 죽었다고 한다. 아마 대비를 빠르게 하지 못한 사람들의 희생이었을 것이다. 그때 만들어진 용암과 화산재로 지상의 온도가 250도에 달했다고 하니 그 고통이 어땠을지 상상도 할 수 없다. 아이러니하게도 화산재로 완벽하게 덮여버린 탓에, 복구했을 때 역사적으로 높은 가치를 가지게 되어버렸지만 말이다.

너무나 갑작스럽고 거대한 재앙에 시간이 멈춰버린 듯, 그 시절 그대로의 모습을 간직한 채 오랜 시간 땅속에 묻혀 있던 그곳은 박제된 시간 속의 고대도시 폼페이였다.

박제된 시간

뙤약볕 아래 그늘 하나 없는 폼페이 유적지.

서기 79년에 높이 6미터의 화산재에 파묻힌 이곳은 1,500년간 역사의 뒤편으로 사라진다. 그것도 완벽하게. 그러다 16세기에 폼페이에 수로를 만들기 위해 파내려 가던 중 우연히 유적의 존재를 발견하게 된다.

당시 시대의 모습을 추측해 볼 수 있는 도로, 주택, 신전 등 다양한 곳을 둘러볼 수 있지만 사람들이 화산폭발이라는 자연재해의 무서움에 대해 다시금 생각해보게 하는 순간은 바로 그곳에서 출토된 유물들을 모아둔 곳을 지날 때이다. 투명한 유리 안에 화석화된 무언가를 보관해 두고 있었는데, 가까이 가서 자세히 보면 사람의 모습이거나 개가 웅크리고 있는 모습임을 알 수 있다.

부서진 기둥만이 존재하는 폐허가 된 유적지는 아무리 상상력이 뛰어난 사람이라도 이곳이 사람들이 살았던 공간임을 깨닫는 데에는 역사적인 부연 설명과 엄청난 상상력이 동원된다. 하지만 나와 같은 생명체가 고통스럽게 죽어간 순간을 고스란히 드러내고 있는 화석을 보고 나면 이곳도 사람들이 살던 곳이었다는 사실이 생생하게 와닿기 시작한다. 대피할 시간조차 없어 긴박하고 갑작스러운 죽음을 맞이해야 했던 거대한 재앙에 가슴 한구석이 아려 오기까지 했다.

사람 혹은 동물 모양의 화석을, 당시 살아있던 생물이 고열의 용암에 갑작스럽게 죽어서 만들어진 화석이라고 많이들 오해하는데 그것은 사실이 아니다. 실제로는 폼페이 유적을 발굴하던 중 우연히 화산재 사이사이에 비어 있는 공간을 발견하게 돼서 안을 확인하고자 석고를 부어 굳힌 것들이다. 이렇게 석고를 통해 형체를 알 수 있게 된 공간의 정체는 바로 화산재에 덮인 채 죽은 사람과 동물이 남긴 흔적이었다. 고온의 화산재가 순식간에 도시를 덮친 뒤 빠르게 굳어 시체는 썩어 사라졌지만, 그 형태는 남아있었던 것이다. 유적지에 그다지 흥미를 보이지 않고 따라다니던 사람들도 살아생전의 유물과 유해가 보존된 곳에서는 쉽게 발을 떼지 못하고 여기저기를 둘러보곤 했다.

폼페이 유적지의 마지막 코스는 원형 경기장이었다. 투어의 대미를 장식하는 피날레 코스인 만큼 폭염도 절정을 찍고 있었다. 게다가 무려

2,000년 전의 원형 경기장이 현대의 돔 경기장처럼 지붕이 있었겠는가. 사람들은 본인이 사용할 수 있는 모든 것을 동원해 부채질하고 있었다. 가이드도 폭염이 힘들어서인지, 관광객들의 눈총이 따가워서인지 서둘러 설명을 끝내주었다.

　가이드 투어의 끝은 한 레스토랑에서의 단체 식사였다. 그리 좋아하는 패턴은 아니지만 땡볕 속에 혼자 더 맛있는 걸 먹겠다고 길을 나설 자신도 없었다. 나는 또 자매와 한 테이블에 앉아 파스타를 먹으며 서로의 다음 행보에 대해 교환했다. 사실 폼페이를 보고 돌아오는 것이 목표였기 때문에 아무런 계획이 없었다. 그녀들은 인근의 소도시 소렌토Sorrento 와 포지타노Positano를 보고 나폴리로 돌아올 예정이었다. 나도 소렌토까지 함께 가고 싶다고 했다. 자매는 흔쾌히 동행을 허락했고, 셋이 그길로 함께 소렌토를 향해 그 덥고 지저분한 사철을 타고 다시 이동하게 된다.
　소렌토행 사철은 듬성듬성 빈 좌석이 많아 우리가 앉아있는 좌석이 얼마나 더러운지 확인할 수 있었다. 그 와중에 남부 이탈리아의 반짝이는 햇빛이 창을 통해 들어와 구석구석 안 보이던 곳까지 잘 보이게 만들어서 찝찝함이 최고조에 이르렀다. 이쯤 되니 좀 덜 밝아도, 어두워도 좋다는 생각마저 들었다.

이탈리아의 소렌토는 도시 콘셉트를 레몬으로 확실하게 정해 놓은 것 같은 도시였다. 사실 소렌토만의 특징은 아니다. 카프리섬을 포함한 아말피 해안Amalfi Coast 일대의 특산물이 레몬인 만큼 어디를 가도 레몬사탕과 레몬으로 만든 술 리몬첼로Limoncello를 볼 수 있었다. 심지어 소렌토는 건물 벽과 상점 거리의 그늘막을 노란색으로 해 둔 탓에 도시 전체가 노란빛으로 물들어 보이기까지 했다.

인근의 아기자기한 상점가를 둘러보고 레몬 아이스크림까지 챙겨 먹은 후 자매는 지금 시타SITA 버스로 움직이면 아말피 해안의 아름다운 뷰를 볼 수 있다며 포지타노행을 강행했다. 나도 잠깐 귀가 솔깃하긴 했지만 너무 빠듯한 일정에 쫓기듯이 다녀오고 싶지는 않았다. 사연 많은 자매와 헤어지며 몇 차례나 당부 인사를 전했다. 둘이 있어 잘 다니겠지만 그래도 몸 조심히, 물건도 조심히 여행 잘 마치고 안전하게 돌아갔으면 하는 마음이 들었다.

그녀들을 보내고 나는 소렌토의 버스투어를 가기로 했다. '런던에 빨간 2층 버스가 있다면, 소렌토에는 노란 1층 버스가 있다!'를 떠올리며 노란색 버스가 오길 기대했지만 갈색 버스가 도착했다. 테마파크나 동물원에 가면 탈 법한 작은 버스였다. 탁 트인 창으로 바깥 뷰를 한눈에 잘 볼 수 있는 것이 특징이었다. 에어컨은 없었지만 오후가 되니 시원한 바람이 들어와 쾌적하게 소렌토를 한 바퀴 돌아볼 수 있었다. 의외로 관광지는 물론이고 잠깐이지만 현지의 일상을 엿볼 수 있는 주택가를 지나기도 해서 나름 의미가 있었다.

동물원 입구에서 왔다갔다하는 게 전부일 것 같이 생긴 이 버스가 소렌토의 절벽 위를 향해 갈 때쯤에는 '살짝 이거 괜찮나?'라는 마음이 들기도 했지만, 기대하지도 않았던 절경을 버스 안 넓은 창을 통해 내려다보고는 매우 만족스럽게 다시 역으로 돌아왔다.

그리고 다시 숙소로 돌아가 짐을 찾은 나는 나폴리 중앙역으로 이동했다. 항구로 가기 위해서였다. 평소 즉흥적인 여행을 즐기지만 포지타노에 동행하지 않았던 이유이기도 했다. 시칠리아로 향하는 저녁 7시 승선 야간 페리를 타기로 되어 있었기 때문이다. 이탈리아 사철에 학을 떼서인지 페리의 상태가 걱정됐다. 그래도 어쩔 수 없었다. 이미 나폴리에 도착한 첫날 시칠리아행 선박 티켓을 끊어 둔 상태였다. 배를 타고 이동하는 일은 흔치 않아 어디서 어떻게 타야 하는지 못 찾을까 봐 걱정을 하며 항구에 도착했다.

자아. 이제 배를 탈 때가 된 것인가.

웰컴 투 시칠리아!

영화 〈타이타닉〉의 마지막 장면을 기억하는가? 80대 노파가 된 로즈가 남 모르게 간직하던 사파이어 목걸이를 바다에 던진 후 침대로 돌아와 꿈을 꾼다. 그러자 형체를 알 수 없던 바다 속 타이타닉호가 처음 승객들을 맞이하던 화려했던 모습으로 바뀌어 간다. 로비 입구에서 로즈를 맞아주는 사람들과 그 뒤로 보이는 호화스러운 인테리어와 높은 계단. 그곳에 잭이 기다리고 있다. 물론 잭은커녕 잭 비슷한 사람도 보지 못했고, 나를 맞아주는 사람은 아무도 없었지만 나폴리에서 시칠리아로 가는 배는 내게 타이타닉호를 생각나게 했다.

나폴리 기차역에 처음 내린 후 이 도시에서 겪은 대부분의 것이 낡고, 오래됐고, 관리가 되고 있지 않다는 인상을 받았다. 유일하게 그런 생각이 들지 않았던 것이 바로 배였다. 휴양도시이자 3대 미항으로 꼽히는 도시의 자존심일까. 하지만 시칠리아로 떠나는 페리를 나는 그다지 기대하지 않았었다. 실망하고 싶지 않아서가 가장 큰 이유였다.

그런데 웬걸. 배의 외관부터 새하얗고 파란 것이 거친 바다와 싸워보기는커녕 바다 데뷔도 처음일 것만 같은 완전 신상 배가 내 앞에 나타났다. 크기도 나의 예상보다 거대해서 살짝 마음이 설레었다. 배 안으로 들어갈 때까지는 그전에 탔던 페리나 보트를 탈 때와 분위기가 크게 다르지 않았는데, 승객들이 머무는 선실 진입로에 갑자기 3개 층을 한 번에 연결해주는 백화점식 에스컬레이터가 나타났다! 그러고 보니 에어컨 바람도 시원했다. 이런 배라면 하룻밤이 아니라 이탈리아에 있는 2주 내내 머물고 싶다는 생각이 들었다. 나는 크루즈 여행을 좋아하는 사람인가? 그것보다는 지난 며칠간 푹푹 찌는 더위와 씨름한 탓에 에어컨과 이런 쾌적함이 그리웠던 것 같다.

내가 머물 선실을 찾아갔다. 2인실이었지만 운이 좋으면 1인실처럼 쓸 수 있을지도 모른다며 희망회로를 돌리고 있었다. 선실은 한 눈에 보아도 깨끗하고 깔끔했다. 내부도 그렇게 좁지 않았다. 침대 2개가 양쪽 벽을 한 면씩 차지한 채 나란히 있었고, 그 너머로 마음먹으면 언제든 바다를 볼 수 있는 작은 창이 나있었다. 침대와 침대 사이 간격도 꽤 넓었다. 침대 머리맡에는 여느 호텔처럼 콘센트를 꽂고 조명을 조절하는 장치가 있었는데 USB 케이블도 꽂을 수 있게 돼 있어 갑자기 감동스러웠다. 그동안 숙박에 돈을 너무 아꼈나? 모든 제한은 뜻밖의 행복을 낳는다. 그날 나는 별것 아닌 것에도 안도하고, 감사하고, 기분이 좋아지면서 행복해했다.

그때 갑자기 선실의 문이 열렸다. 이 더위에 한 손에는 가죽 재킷을, 다른 한 손에는 오토바이 헬멧을 든 여자가 인사를 하며 들어왔다. 그녀의 이름은 즈베바Sveva였다.

처음에는 그녀와 간단히 인사하고 별 대화 없이 짐 정리를 했다. 그녀는 들어오자마자 침대에 누워 누군가와 통화하고 있었다. 나는 휴대폰 충전이 시급했고 침대 머리맡에서 본 콘센트를 찾았는데 그녀가 이미 2개를 선점하고 있었다. 잠시 기다렸지만, 그녀의 통화는 밤새 이어질 것처럼 계속되었다. 결국 직접 말하기로 결심했다. 왜 갑자기 그런 생각이 들었는지 나는 짧은 스페인어로 그녀에게 물었다.

"콘센트를 가리키며 이거 내가 써도 될까?"
"너, 스페인어를 할 줄 알아?!"

내 입에서 스페인어가 나오자 그녀는 갑자기 눈을 반짝이며 전화기를 내려놓더니, 스페인어로 대답했다. 그러더니 급한 일이라도 생긴 듯 서둘러 통화를 끝냈다. 내가 스페인어를 할 거라곤 전혀 생각도 못 했다는 그녀. 그 생각엔 몹시 공감한다. 누가 봐도 내 머리부터 발끝까지 라틴의 비주얼과 감성이라고는 하나도 없었으니까. 나는 스페인 발렌시아에 살고 있고 스페인어를 배우고 있다고 했다. 그러자 그녀가 다시 한번 눈을 번뜩였다. 안 그래도 큰 그녀의 눈이 번뜩일 때마다 '내가 뭔가 잘못한 게 아닐까?'라는 생각이 문득문득 들었다. 하지만 그녀의 번뜩임은 놀라움의 긍정 표현이었다. 즈베바는 1년 전 에라스뮈스 교환학생로 발렌시아에 있었다며 놀라워했다. 그제야 퍼즐이 풀렸다.

둘 다 스페인 발렌시아가 고향도 아닌데 마치 동향 사람이라도 만난 것 같은 기분이 되어서 반갑게 얘기를 나눴다. 당시 발렌시아에서는 어디에 살았고 어느 학교에 다녔는지 같은. 그녀는 발렌시아에서 온(?) 나와 같은 선실을 쓰게 돼서 좋다고 말해주었다. '에이, 뭐 그렇게까지~' 하면서도 칭찬과 사탕발린 말에 약한 나는 기분이 더 좋아졌다.

짐 정리를 하고 즈베바와 수다를 떠는 사이 어느새 배가 출항하려 했다. 나는 처음 받았던 타이타닉호의 기분을 더 확실하게 느끼고자 갑판 위로 올라갔다. 근데 와. 역시나 갑판 위에는 수십 명의 사람들이 난간 여기저기서 팔을 벌리고 바람을 느끼는 타이타닉 포즈를 취하고 있었다. 다들 일제히 갑판 끄트머리로 몰려나와 항구에 있는 사람들을 향해 손을 흔들었다. 대서양이라도 건너가는 이민 행렬처럼 열심히 손을 흔드는 사람들. 그 아래로 이탈리아 국기가 펄럭였다.

다시 방으로 돌아온 나는 선내를 더 구경하고 싶기도 하고 저녁도 먹을 겸 즈베바에게 함께 저녁을 먹으러 갈지 물어보았다. 그녀가 흔쾌히 제안을 받아들여 함께 선실을 나섰다. 식당은 사람들로 바글거렸다. 좁은 공간에 테이블이 옹기종기 붙어있고, 바에도 손님들로 가득했다. 우리는 운 좋게 한 레스토랑의 테이블에 마주앉았다.

주문한 메뉴가 나왔다. 그녀와 내가 고른 메뉴는 앤쵸비 파스타였다. 비리지 않을까 싶었지만 아직 먹어 본 적 없는 음식은 언제나 흥미로웠기에 재료가 무엇인지 아는 이상 도전해 보았다. 비주얼은 익숙한 스파게티 면에 치즈 가루라도 뿌린 것처럼 가루들이 엉겨 붙어있는 모습이었다. 앤쵸비를 갈아 만든 소스가 묻어 있던 거였다. 면 한 줄, 한 줄마다 붙어있는 앤쵸비의 잔해들. 그것이 이 메뉴의 끝이었다. 비주얼은 정말 소박했지만, 한입 먹어보고 그 맛에 반해 버렸다. 짭조름하면서 비리지 않고 어딘가 고소하기까지 한 파스타. 면도 '알단테'로 삶아져서 씹는 맛이 있었다. 이탈리아에서 먹은 최고의 파스타였다. 인생 파스타를 배 안에서 먹게 될 줄이야.

스파게티를 다 먹고 즈베바와 파인애플 1/4 쪽을 디저트로 함께 나눠

먹으며 대화를 이어갔다. 그녀는 시칠리아 팔레르모^{Palermo} 출신의 법을 공부하고 있는 대학원생이었다. 변호사 시험을 보기 위해 로마에 다녀오는 길이라고 했다. 그러니까 시칠리섬에서 이탈리아 반도까지 배를 타고 나와서 나폴리에서 다시 로마까지 이동하는 수고를 들여 시험을 치고 온 것이다. 우리나라로 치면 제주에서 완도까지 배로 이동해 다시 완도에서 대전까지 가는 여정이었다.

"나폴리에서 로마까지는 어떻게 갔어?"

질문이 나의 입술 밖을 떠나는 동시에 그녀가 등장할 때 들려져 있던 오토바이 헬멧이 머릿속을 스쳐지나갔다. "설마 오토바이를 타고 로마까지 갔던 거야?"라는 질문에 그녀는 그렇다고 대답했다. 시험을 위해서 가지고 다녀야 하는 책의 양도 많고 해서 오토바이에 싣고 이동한다는 것이었다. 그녀가 고안할 수 있었던 최적의 방법이겠지, 라는 생각에 더는 물어보지 않았다. 어쨌든 대단한 노력이었다. 거기다 시험까지 봐야 했으니 몹시 고단한 여행이었겠다는 생각이 들었다.

고단했을 그녀, 그리고 실제로 고단했던 나. 우리는 그곳에 오래 있지 못하고 선실로 돌아가기로 했다. 계산하려는데 갑자기 즈베바가 저녁식사를 한 번에 결제했다. 오늘 처음 알게 된 생면부지인 내게 저녁식사를 대접하는 친절과 여유를 가진 즈베바. 당황함과 감사함에 어쩔 줄 몰라하는 나에게 미소를 보이며 말했다.

"웰컴 투 시칠리아!"

이곳은 파라솔 천국인가, 지옥인가

　정박의 어수선함이 잠결에도 선실 안까지 전해질 만큼 바깥에서 다양한 소리가 났다. 복도에서는 이탈리아어로 뭐라고 크게 외치고 다니는 사람이 있었다. 이제 내릴 준비를 하라는 것 같았다. 그제야 나도 즈베바도 주섬주섬 일어나 짐을 챙겨 사람들이 나가는 걸 기다렸다 선실을 나섰다. 새벽 6시. 급할 건 없었으니까. 전날 타이타닉호 같다고 신나서 돌아다녔던 배 안의 모습도 이틀째 보니 감흥이 떨어졌다. 즈베바는 오토바이를 함께 싣고 왔기 때문에 배에서 내리자마자 작별인사를 해야 했다. 서로를 꼭 안아 주며 나는 그녀의 시험 결과가 좋기를, 그녀는 나의 여행이 안전하기를 바란다는 인사를 남기고 헤어졌다.

　그러고 보니 여행하는 사람으로서 좀 더 일찍 일어나 갑판 위에서 시칠리아 바다의 해 뜨는 것도 보고 사진도 좀 찍었어야 한 게 아닐까 싶었지만 이미 하늘은 노란 기운마저 사라지고 파랬다. 심지어 더 잘 수 있었다면 마다하지 않고 잤을 기세였다. 뒤늦은 후회는 안녕.

　큰 페리가 하나 정박하고 나니 그 이른 아침에도 하선하는 사람들로 북새통이었는데 어느 순간 주위를 둘러보니 주변에 아무도 없었다. 다들 증발이라도 한 것처럼 항구에 나만 홀로 덩그러니 있었다.

팔레르모에서 맞이한 이튿날 아침, 즈베바에게 추천을 받은 몬델로 Mondello 해변을 가기로 했다. 구글맵에 검색해 보니 숙소에서 해변까지는 꽤 거리가 있었다. 버스를 타면 한 번에 갈 수 있다는 정보가 있어 일단 길을 나섰다. 하지만 처음 간 도시에서 버스를 이용할 때 가장 헷갈리는 것은 버스정류장이 아닌가. 출발도 하기 전부터 여러 차례 헤매다 간신히 현지인의 도움을 받아 몬델로까지 가는 버스를 탈 수 있었다. 의외로 많은 사람이 버스로 해변에 간다는 걸 알 수 있었는데, 형형색색 타월과 비치 용품을 들고 있는 사람들이 꽤 있었기 때문이었다! 갑자기 외로움이 사라지며 '오늘도 무사히 목적지에 도착하겠구나!'라는 안도감이 들었다. 막상 해변에 도착하니 버스정류장 앞에 바다가 보여서 이건 잘못 내릴 수도 없겠다 싶기도 했지만.

몬델로 해변에는 사람이 정말 정말 정말 많았다. 물 반 사람 반… 아니, 사람들은 다 파라솔 밑에 있어서 물 반 파라솔 반이라는 게 맞을지도 모르겠다. 모래사장은 모래알 하나 보일 틈 없이 각양각색의 파라솔로 빽빽하게 차 있었다. 스페인 해변과는 다른 느낌이었다. 언어도 거의 이란성 쌍둥이 격으로 비슷한 데다, 문화도 비슷하고 내가 보기에 생김새도 비슷한 이 두 나라에서 해변을 즐기는 방식은 사뭇 다른 듯했다.

일단 사람들이 가족 단위로 몰려왔다. 핵가족 사회가 된 지 꽤 되지 않았나? 이제 1인 가구도 흔한 세상에 3대 정도는 다 같이 출동해 주는 남부 이탈리안들의 클래스. 그 안에 있으니 유독 나만 튀는 기분이었다. 동양인이라고는 눈 씻고 찾아봐도 보이지 않았고 혼자 바다에 온 사람도 없었다. 물론 있었겠지만 대가족들 사이에 가려 보이지가 않았다. 그렇다면 나도 안 보이지 않을까? 희망회로를 돌리며 파라솔과 파라솔, 비치타월과 비치타월 사이를 헤치고 몬델로 해변 안으로 들어갔다.

이것도 이탈리아사람들이 해변을 대하는 방식일지 모르겠지만, 1인 1파라솔 정도는 해야 바다를 즐길 수 있는 건가 싶을 정도로 모래사장 가득히 파라솔이 꽂혀 있었다. 오히려 비치타월 없이 모래 위에 드러눕는 사람은 있어도 파라솔이 없는 사람은 없었다. 워낙 많은 파라솔이 꽂혀 있어서 옆 가족 파라솔과 또 다른 옆 가족 파라솔 사이에 타월을 깔고 누우니 나에게도 약간의 그늘이 생겼다. 나름 럭키 포인트였다.

해변에는 자릿세를 받아 파라솔과 선베드를 대여해 주는 공간이 있었지만 이미 만석이었다. 당연히 라커도 꽉꽉 차 있었다. 최대한 간편하게 가지고 왔지만 그래도 스마트폰과 지갑은 신경이 쓰였다. 여권은 숙소 라커에 두고 나온 게 그나마 다행이었다.

그래서 나의 짐은 어떻게 했느냐? 어떻게 할 수가 없었다. 비치타월 끝에 초라하게 보이도록 뭉개 놓고는 슬쩍 주변을 둘러보았다. 대가족의 사람들에게 봐 달라고 부탁하면 될 것 같았다. '3대나 모여 있는데 설마 혼자 여행 다니는 사람 짐을 어떻게 하진 않겠지?'라는 생각이었다. 하지만 일단 그들은 정신이 없어 보였다. 본인들 것이 털려도 모를 정도로 아이들을 돌보고, 그 와중에 술을 마시고, 자기들끼리 이야기하느라 바빴다. 그리고 영어라도 안 통하는 순간, 또 짧은 스페인어를 꺼내 구구절절 설명해야 하는데 그 수많은 이목을 견딜 수 없을 것 같았다.

하아. 짐을 들고 바다에 들어가야 하나…. 그럼 스마트폰은 잃어버린 거나 마찬가지 일 것이다. 그러다 근처의 파라솔 아래 어김없이 한 부부가 앉아있는데 여성은 책을 읽고 남성분은 잠에 들어있었다. '저분들께 부탁해야겠다!' 확신이 선 나는 숨겨 놓으려던 짧은 스페인어를 다시 꺼내 들었다.

"실례할게요. 저는 지금 혼자 여행 중인데 바다에 들어가고 싶어서요. 혹시 제 짐 좀 봐주시겠어요?"

알아들을까 마음이 조마조마했다. 그러자 여자분은 조용히 검지와 중지를 세우고 본인의 눈 한 번, 그리고 내 짐을 한 번씩 번갈아 가리키는 제스처를 취해 주었다. 해석을 해보자니, '내 눈이 너의 짐을 지켜보고 있겠다' 즉, '잘 맡아주겠다'는 뜻이었다.

고맙다는 인사는 이탈리아어로 "그라치에!!"라고 하고서 신이 나 바다로 들어갔다. 바다에 한 번 들어가면 해수욕을 즐기고 나와 뜨거운 태양 아래서 몸을 말리고, 좀 뜨겁다 싶으면 다시 바다에 들어가기를 반복해 줘야 하는데 다시 그 여자분께 또 부탁하기가 민망해서 최대한 오래 바다에 몸을 담그고 있었다.

나중에 약간의 한기가 올라올 때쯤 다시 있던 자리로 돌아가 그녀에게 감사하다고 인사했다. 실은 그러고 나서도 두 번 정도 더 바다에 다녀왔다. 이번엔 따로 부탁 안 해도 그녀가 잘 봐줄 것 같다는 생각이 들어서였다. 그렇게 시칠리아의 바다를 즐기고 나니 피곤이 밀려왔다. 돌아오는 길에 젤라토 1컵이라지만 사실은 3 스쿱을 먹고 축축한 몸으로 바다 냄새를 버스 안에 솔솔 풍기며 숙소로 돌아왔다.

하루가 다 가고, 팔레르모에서의 짧은 일정도 끝나고 있었다.

섬 안의 섬, 오르티지아

팔레르모 이후 시라쿠사로 넘어온 나는 이곳에서 가장 유명하다는 고대 그리스 로마 유적의 고고학 공원을 보러 갔다가 땡볕과의 사투에서 버티지 못하고 흐지부지 구경을 마치고 숙소로 돌아오고 말았다. 그리고 이 작은 어촌마을의 자랑인 섬 안의 섬, 오르티지아로 향했다.

이름도 어딘가 신비로운 오르티지아Ortigia. 시라쿠사와 다리로 연결되어 있는 섬이다. 대성당, 아폴로 신전, 아르키메데스 광장, 재래시장 같은 유적지와 관광객들의 볼거리도 이곳에 대부분 모여 있다. 오르티지아 섬에 들어가니 왜 오전에 갔던 고고학 공원에 사람이 없었는지 납득이 갔다. 다들 이곳에 와있었다. 뜨거운 한낮에도 사람들이 꽤 많았다. 이미 다리를 건넌 순간부터 아폴로 신전이 대기하고 있던 곳. 나는 걸어서 유명하다는 명소를 하나씩 돌아보았다.

그런데 혹시 이런 증상에 대해서 들어 본 적 있는가?

* 유럽성당 불감증 : 유독 동양인, 그중에서도 한국인들에게 많이 나타나는 증상으로 이 증후군을 겪은 이들은 대부분 학창시절 빡세게 받은 세계사 교육으로 로마, 비잔틴, 고딕 등 각종 양식의 성당에 대한 얄팍한 지식 대비 원대한 로망을 품고 첫 유럽여행 때 세계적으로 유명한 명소는 물론 작은 성당도 놓치지 않고 다 들여다보고 다닌다. 그러다 대성당 몇 군데를 석권하고 난 이후에는 대부분의 성당이 다 비슷비슷해 보이기 시작해서 나중엔 외관만 슬쩍 보고 안에는 굳이 들어가지 않게 되는 증상이다.

진짜 존재하는 병명은 아니지만 실제로 이런 증상을 앓고 있는 사람을 흔하게 보았다! 그리고 시라쿠사에 도착했을 즈음에는 나 역시 이 증상을 심하게 앓고 있었다. 오르티지아에는 유명한 성당이 두 군데나 있었지만 정말 감흥 없이 휘리릭 보고는 젤라토 가게로 뛰어들어갔다. 당시에는 신들보다도 당장 이 찜통 더위 속에서 나를 살려주고 걷게 해주는 '젤라토교'가 더 간절했다. 게다가 테이블에 잠시 몸을 맡길 수 있는 행운까지 누리게 해주는 존재. 안 믿고 안 따를 수가 없었다. 나는 이탈리아를 여행하면서 평생 좋아한 적 없던 피스타치오 젤라토에 푹 빠지게 되었다. 그래서 오늘도 두오모 광장이 내다보이는 젤라토 가게에 앉아 피스타치오 아이스크림을 한 스푼, 또 한 스푼 입에 넣으며 '이게 여행이지~'라고 스스로를 격려하고는 바다를 즐기러 가기로 했다.

오르티지아를 포함한 시라쿠사 주변의 바다는 수영하기 좋은 해변이 아니었다. 대부분 배들이 묶여 있는 선착장 항구였고 모래사장이 깔린 바다를 쉽게 볼 수 없었다. 어쩌다 사람들이 해수욕을 즐기던 곳들도 대부분 평평한 바위 위에 타월을 깔고 누워있거나 그 주변을 수영하는 정도였다. 나도 어떻게 한 자리 낄 수 있을까 둘러보았다. 그 주변에 낭떠러지처럼 바다로 곧장 떨어지는 곳에 큰 건물이 하나 있었는데, 개펄로 내려갈 수 있는 녹슨 철계단이 설치돼 있었다. 계단 밑은 아주 얕은 바닷물이 들어오는 정도였고, 물장난을 치고 있는 아이가 보였다. 혼자 놀고 있는 게 어딘가 이상했지만 나 하나 정도는 낄 수 있는 자리가 충분해서 계단을 따라 내려갔다.

그곳엔 아이의 엄마로 보이는 여성이 태양을 피해 계단 밑에 앉아 쉬고 있었다. 그녀가 나를 보고 "차오안녕"라고 인사해 주었다. 그 인사에 마음이 좀 놓인 나는 옆에 타월을 깔고 누워서 쉬기도 하고, 바닷물에 들어가기를 반복하며 시라쿠사의 바다를 한가로이 즐겼다. 건물 밑이라 마음만 먹으면 뙤약볕을 피할 수 있어 더없이 좋은 선택이었다.

아이의 이름은 죠지아Georgia였다. 모녀는 이 인근에 사는 주민으로 아이 아빠가 일을 나가면 딸과 둘이 이곳에 와서 물놀이를 하며 시간을 보낸다고 했다. 도시살이에 익숙해진 나에게는 남편이 일하러 간 사이 아이와 바닷가에 와서 놀다 가는 주부의 일상이란 게 어떤 것인지, 또 관광지에 사는 현지 사람들의 삶은 어떤지 상상이 되지 않았다… 라고 생각했는데 웬걸. 사실 나는 제주도에서 살지 않았던가! 한국 대표 관광지 제주도에서 보냈던 나의 어린 시절에도 아빠가 출근하고 나면 엄마가 짐을 바리바리 싸서 언니와 나를 바다에 데려가곤 했다. 거기서 다 같이 물놀이하고, 조개도 잡고, 심지어 집 대신 바다로 퇴근하는 아빠와 그길로 캠핑을 하기도 했었다! 그런 유년시절이 새록새록 떠올라 흐뭇해졌지만 그걸 죠지아의 엄마에게 다 설명할 길이 없어 우리는 매우 짧은 스페인어/이탈리아어와 영어로 토막 대화를 나누고 있었다. 그 이야기는 마음속에 간직하기로 했다.

죠지아랑 같이 모래성도 쌓아 올려주고 놀다 보니 멀리서부터 해가 지고 있었다. 나는 모래를 털고 일어났다. "죠지아 안녕, 잘 지내."라고 인사를 건넸지만 그사이에 온 다른 남자아이에게 정신이 팔린 죠지아는 뒤도 돌아봐 주지 않았다. 그래도 잘 지내.

숙소로 돌아와 샤워를 하고 잠시 재정비에 들어간 사이, 호스텔 방문을 열고 장신의 남자가 들어왔다. 이 호스텔은 남성전용, 여성전용 방을 따로 두지 않는 곳이었다. 순간 남자의 큰 키에 압도되었지만, 장난기 있는 얼굴과 먼저 인사하는 상냥함에 자연스레 대화를 나누게 되었다. 그는 프랑스에서 온 미카엘Michael이었다. 본인을 의사라고 소개한 미카엘은 당시 아프리카의 '다반'이라는 곳에서 의료활동을 하고 있다고 했다. 그러던 중 이탈리아의 어느 도시에 세미나를 온 김에 시칠리아 여행을 다니고 있었다. 나와 정반대의 루트였지만 우리는 그 중간의 접점에서 만나게 된 거였다. 그는 한국에 대해서 정말 많이도 물어보았다.

여기서 퀴즈.

Q. 처음 본 외국인들이 가장 많이 물어보는 질문은? 어디 출신인지를 묻는 질문 제외하고!

A. 너희 나라 인구가 몇이야?

물론 철저히 주관적인 통계다. 하지만 나는 이 질문을 정말 많이 받았는데, 그때까지 나는 한국 인구를 사천만으로 알고 있었다. 아마 10년도 더 전인 뉴질랜드 생활에서 업데이트가 멈추어 있었던 것 같다. 그러자 그가 또 허를 찔렀다.

"서울은?"

"응?"

"서울은 인구가 몇이냐고."

"음… 잠깐만."

급하게 '녹색창'을 돌려보니 서울 인구는 천만, 근데 한국 인구는 오천만이었다! 미카엘에게 나의 오답을 정정해 주자, 그가 나를 놀리기 시작했다. 나도 어디 가서 아는 체하는 거 좋아하는 사람인데 살짝 자존심이 상했지만 엄청난 스크래치는 아니었기에 정보 업데이트차 잘 되었다고 생각하며 대화를 마무리 지었다. 그리고는 저녁은 좀 쉬어야겠다는 생각으로 마트에서 사 온 맥주 한 캔과 베니스에서 헤어질 때 옥이 손에 꼭 쥐여 준 소고기 육포를 하나 뜯어서 라운지에서 먹고 있었다. 그렇게 아. 행복하다, 하고 있는데 미카엘이 뒤에서 나타났다.

"레나, 뭐 해?"
"나 맥주 마시면서 쉬고 있어~"
"난 지금 오르티지아에 가려고 하는데, 같이 갈래?"
"난 오늘 낮에 다녀왔어, 조심히 다녀와~"

미카엘을 보내고 맥주를 더 마시는데, 갑자기 이제 막 해가 지기 시작했는데 이대로 하루를 마감하기는 아쉽다는 생각이 들었다. '어차피 저녁도 먹어야 하니 미카엘이랑 나갔다 오자!'라는 생각이 번뜩 들었다. 그래서 먼저 나간 미카엘을 따라잡으러 빠른 걸음으로 숙소를 나섰다. 의외로 몇 걸음 안 가서 젤라토 가게에서 아이스크림을 사 먹고 있는 그를 발견할 수 있었다. 미카엘은 잘 생각했다며 마음이 바뀐 나를 칭찬했다. 그렇게 같이 나선 오르티지아 밤 산책길.

밤이 되자 한결 시원해진 섬은 여전히 사람들이 많았다. 저녁이라 대부분의 곳은 문을 닫았는데 몇 군데의 상점과 레스토랑 그리고 바에는 사람들이 가득가득했다. 우리도 레스토랑 하나를 골라 저녁을 먹고, 밤바다를 구경한 후에 이런저런 이야기를 하며 돌아다녔다.

미카엘은 꽤나 붙임성 있는 스타일인지 그날 오르티지아를 함께 걸어다닌 지 불과 2시간 만에 그를 알아보는 사람들을 길거리에서 만나게 되었다. 시라쿠사로 오는 기차 안에서 알게 된 사람들이라고 했다. 여행을 하다 보면, 이동 중에 만난 사람을 여행 목적지에서 또 만나는 일은 꽤 흔한 일이었다. 그렇다고 저렇게 반갑게 인사하고 아는 체할 수 있는 건가? "도대체 기차에서 뭘 했길래 저리 반갑게 인사를 해?"라고 묻자 기차 안에서 카드 게임을 했다고 했다. 와, 여행 한번 알차게 한다.

마침 오르티지아에는 영화제를 하고 있어서 제법 많은 인파가 몰려 있었다. 특히 한낮에는 텅 비었던 두오모광장이 무대 스크린과 간이 의자들, 영화를 감상하려는 사람들로 꽉 차 있었다. 잠깐 구경하다 이내 흥미를 잃은 우리는 그곳을 빠져나와 남은 산책을 마저 하고 숙소로 돌아왔다. 운 좋게 대화가 잘 통하는 동행자를 만나서 개운한 밤산책도 하고 함께 저녁을 먹을 수 있었던 하루였다. 이렇게 가끔씩 여행이 주는 기분 좋은 시간들이 나로 하여금 계속 여행에 나서게 하는 것 같다는 생각이 들었다.

시라쿠사에서는 1박 2일의 짧은 일정을 두고 있었기에 이튿날 아침 일찍 다음 도시로 이동할 예정이었다. 다음 날 인사를 못 할 테니 오늘 작별 인사를 하자며 고마웠다고 말하는 내 등을 미카엘이 다독여 줬다. 그리고 그날 새벽, 나는 어지간한 소음에도 굴하지 않고 잘 자는 편인데도, 미카엘이 전쟁급 코골이 소리를 시전하는 바람에 놀라서 잠을 깼다. 같은 방의 다른 사람들도 뒤척이는 소리가 들려왔다.

'와. 미카엘. 이 정도면 너는 1인실 예약해라…'라는 말을 차마 전하지 못한 채 침대가 수납하지 못한 그의 삐죽 나온 발을 제치고 나는 다음 목적지인 '타오르미나'로 향했다.

Cin Cin! (친친!)

　멀리서도 투명함이 느껴지는 에메랄드빛 바다. 레이저를 쏘는 듯 강렬한 태양. 굽이굽이 언덕길을 오르는 미니버스의 차창 밖으로 바다가 내려다보여 아찔하던 그 순간, 나는 '이것은 데자뷔인가?'라고 생각하기도 했다. 며칠 전 갔던 카프리섬이 많이 생각나는 곳, 타오르미나^{Taormina}였다. 둘 다 그리스 로마 시대를 거쳐 지금까지 휴양도시로 차곡차곡 역사를 쌓아왔던 도시이다. 사실 나폴리와 시칠리아는 그 천혜의 날씨와 자연환경으로 황제와 귀족들의 휴양지로 사용되어 오면서, 도시별 특색이 다름에도 불구하고 볼거리나 유적지는 어딘가 비슷한 느낌이었다.

　타오르미나는 해발 300미터 구릉 위에 지어진 도시이다. 물론 그 아래에도 도시는 형성되어 있지만, 사람들이 제일 많이 찾는 곳은 이 언덕 위이다. 미니버스를 타고 언덕 위를 올라가자 전혀 다른 느낌의 마을이 나타났다. 아기자기한 상점과 골목에, 꽃들이 활짝 피어 있는 광장의 수목들은 '가위손' 에드워드라도 다녀갔던 것인지 흐트러짐 없이 각 잡힌 모양을 유지하고 있었다. 가족 단위의 관광객들도 유독 많아 보였다. 하지만 내가 가장 기대했던 것은 바로 에트나 화산 투어였다. 그리고 다음 날 이른 아침, 미리 예약해 둔 투어버스는 여행의 피곤으로 까무룩 잠에 든 나를 싣고 에트나 화산 중턱까지 올랐다. 에트나 화산은 현재 지구상에서 왕성하게 활동하고 있는 활화산 중 하나이다. 그리스 로마신화에서 에트나 산은 불과 대장장이의 신 '헤파이스토스'의 대장간이 있던 곳으로 등장하기도 한다. 헤파이스토스의 또 다른 이름은 바로 불카누스Vulcanus. 에트나는 화산이라는 단어인 '볼케이노Volcano'의 어원이었다.

　하지만 투어버스에서 내려 마주한 화산은 시꺼먼 화산재에 파묻혀 살아있는 식물이라고는 볼 수 없는 화산재 무덤과도 같았다. 내가 자란 제주도에도 활화산이 존재했지만, 그 모습이 확연히 달랐다. 이리 둘러봐도 화산재, 저리 둘러봐도 화산재뿐이었다.

에트나 화산 투어가 끝나고 대부분의 사람들은 그대로 투어가 종료됐고 나와 한 부부만이 와이너리 투어를 가기 위해 남았다. 그 부부도 처음에는 생각이 없다가 여행사 직원의 권유로 즉석에서 참가를 결정한 모양이었다. 즉, 그날 와이너리 투어를 사전 예약한 사람은 나밖에 없었던 것이다. 사실 난 와인을 좋아하면서도 그렇게 해박한 지식을 갖고 있진 않았다. 하지만 와인을 잘 못 고르는 나도 와이너리에 가면 좋은 와인을 마실 수 있고, 으레 천혜의 자연 속에 와이너리가 생겨나기 때문에 꽤 좋은 피크닉 방법 중 하나였다. 나는 그런 이유로 여행 중에 종종 와이너리를 방문하곤 했다.

인원이 셋뿐이어서 그랬는지 그날 투어는 정말 여유 그 자체였다. 햇빛이 내리쬐는 포도밭, 오크 향과 쿰쿰한 향이 섞여 있는 서늘한 저장 창고와 와이너리 주변의 시골 마을을 둘러보고 즐기는 사이에 투어가 금세 흘러갔다. 투어가 끝나고 와인 시음을 위해 시칠리아 가정식으로 간단한 요깃거리가 제공되었다. 빵과 풍기Funghi14, 치즈, 살라미, 올리브 같은 재료였다. 그 간단한 먹거리가 어찌나 맛있었는지. 역시 최고의 요리는 재료에서 나오는 것인가.

---

14. 양송이 버섯.

그때까지 우리는 거의 대화를 나눌 일이 없었는데 기분 좋은 음식과 와인이 곁들여지자 자연스럽게 대화가 이어졌다. 부부는 베니스에서 살고 있고 여름 휴가차 온 것이라고 했다. 어느새 분위기는 한창 무르익어 즐거워진 우리는 함께 "친친(Cin Cin)!"[15]을 외치며 와인을 마시기 시작했고 금세 와인병을 바닥내고 말았다.

돌아오는 버스 안에서 정수리로 쏟아지는 햇살에 술기운이 빠르게 올라왔다. 이내 단잠에 빠지는 바람에 또다시 바깥 풍경을 놓치고 말았다. 이번엔 피곤이 아니라 숙취였다. 버스에서 내릴 때쯤에는 어딘가 모르게 개운해져서 내리게 되었다. 노부부는 내 어깨를 다독여 주며 조심히 여행을 다니라고 인사해 주었다.

---

15. 이탈리아식 건배.

발가락에서 발뒤꿈치까지 걸리는 시간

　잘 알려져 있다시피 이탈리아는 '장화' 모양을 하고 있다. 어쩜, 나라의 지형까지 패셔너블한지. 시칠리아 여행을 마치고 그다음 목적지는 바로 바리Bari였다. 이곳은 시모나가 살고 있는 도시이다. 그렇다. 이탈리아 여행의 마지막은 시모나를 방문하는 것이었다.

　시칠리아에서 바리까지는 가는 동선이 그다지 좋지 않았다. 우선 섬에서 나와야 했기 때문이다. 제주도에서 부산 가듯이 저가 항공을 이용하면 빠르게 갈 수 있었지만, 성수기의 이탈리아에서 항공 요금은 만만치 않았다. 나는 우선 될 대로 돼라는 생각으로 이탈리아에 온 상태였고, 틈틈이 알아보니 시칠리아에서부터 바리까지 기차로 이동하는 방법이 있었다.

　'하지만 어떻게 기차로 섬에서 육지까지 이동하지?'

　타오르미나에서의 마지막 날 온종일 에트나 화산과 와이너리 투어를 하고 피곤에 절어 돌아온 나는 씻고 저녁을 먹으러 나갈 준비를 하고 있었다. 그때 갑자기 전날까지는 비어 있던 침대에 사람들이 들어오기 시작했다. 그중에 1명이 바로 이탈리아의 볼로냐에서 유학 중인 독일인 다니엘Daniel이었다.

다니엘은 지금으로 치면 '레트로 가이'였는데, 6년 전에는 아직 레트로가 유행하지 않아 당시에는 차마 그렇게 느끼지 못했다. 안타깝… 그때 그는 2G 핸드폰을 사용하고 있었는데, 나는 다니엘이 어떻게 여행을 다니는지 궁금할 지경이었다. 그는 미리 조사를 해 두고, 오… 독일인스럽다. 조사한 내용을 출력을 해서, 오… 이것도 독일인스럽다. 그것을 꼼꼼히 보면서 다닌다고 했다. 음… 역시. 그리고 갑작스럽게 대처해야 하는 것들에 대해서는 그때그때 사람들이나 주변의 인포메이션 센터에 물어보면서 다닌다는 것이었다. 나도 그렇게 여행을 다니던 때가 있었다. 아마도 10년 전? 어쨌든 그는 그만의 여행을 특별한 불편함 없이 해내고 있었다. 그런데 그런 다니엘에게도 사전 조사로도 해결하지 못한 궁금증이 있었다.

'도대체 시칠리아에서 이탈리아 육지까지 어떻게 기차가 이동을 할까?'

유로스타Eurostar처럼 해저터널을 이용한 기차는 아니었다. 이탈리아 남부에 그런 게 있을 리 없었다. 정답은 바로 기차를 배에 싣는 것이었다. 나도 처음에 이것을 찾아보고 적잖이 놀랐다. 하지만 이내 짧은 길이의 기차라면 불가능할 것도 없다는 생각이 들었다. 시칠리아의 메시나Messina라는 항구 도시에 정박해 있는 배에 선로를 연결해서 기차가 배 안에 들어가면 고정해서 이동시키는 방식이다.

이 내용을 검색해서 알고 있던 나는 다니엘에게 대박 주식 정보라도 귀띔해 주듯이 너만 알고 있어 급 알려주었다. 다니엘은 정말 펄쩍 뛰었는데 그 모습에 순간 내가 시간이동이라도 해서 1800년대쯤으로 온 줄 알았다. 물론 나름 기발한 발상이긴 했다. 어차피 배로 이동할 거, 기차도 싣자.

현대 기술에 비해 그렇게 세련된 방법은 아니라고 생각했는데 다니엘이 배에 기차를 실을 줄은 상상도 못 했다며 놀라는 모습에 나도 웃음이 터지고 말았다. 다음 날 동선이 겹쳤던 우리는 함께 기차가 배에 실리는 모습을 확인하기로 했다.

그리하여 떠나게 된 바리행 기차 여행. 시칠리아에서 바리까지 무려 기차를 네 번이나 갈아타는 대여정이었다. 다음 날 아침 나는 조금이라도 늦을세라 새벽부터 일어나 나갈 채비를 했다. 첫 출발이 늦어져 기차를 하나 놓치면 줄줄이 모든 일정이 망가지기 때문이었다. 중간에 하나라도 놓치거나 일정이 꼬이면 그날 안에 바리에 도착하지 못할 확률이 높았다.

이탈리아에 온 이후로 가장 긴장한 상태로 출발했다. 그래도 시간에 엄격한 독일인이 옆에 있어서 그런지 어딘가 마음이 놓였다. 그렇다고 그가 딱히 무언가를 해주지는 않았지만, 그냥 시간에 대해서만큼은 엄격함의 상징인 나라에서 온 사람이 곁에 있는 것만으로도 오늘 스케줄을 잘 완수할 것 같은 기분이 들었다.

기차역까지 버스를 타고 타오르미나의 언덕길을 내려가는데 파란 바다도, 선인장들도, 아침 수영하러 바다로 향하는 사람들도 모두 아침 햇살을 맞아 반짝반짝 빛나고 있었다. 왜 사람들이 타오르미나에 다시 오고 싶어 하는지 알 것 같다는 생각이 들었다.

다니엘은 나와 같은 기차였지만 자리가 꽤 떨어진 곳에 있었다. 전날 친구가 되어 마음의 의지가 됐지만 어쩔 수 없었다. 이따 내릴 때 꼭 인사하러 오라고 하고는 내 자리에 앉아 나는 다시 잠들 준비를 하고 있었다. 그런데 뭔가 느낌이 이상해 잠시 눈을 떴는데 출발 시간이 지났는데도 기차는 제자리였다. 다니엘이 슬쩍 내 쪽으로 와서 말을 건넸다.

"이것 봐, 레나. 이탈리아 기차는 시간을 지키는 법이 없어."

대략 10여 분 뒤, 기차는 움직이기 시작했지만 그 뒤로도 중간중간 멈추고 대기하기를 반복하면서 아주 조금씩 앞으로 나아갔다. 속이 타들어 갔다. 하지만 결국엔 에라 모르겠다 하고 잠을 청했다. 달리 방법이 없었기 때문이었다.

첫 번째 기차에서 두 번째 기차로 갈아타는 사이 대기 시간이 20분 정도 있었는데, 그 시간이 사라지고 있었다. 사람이 많고 복잡한 기차역이라도 만나면 갈아타는 데만도 10분은 걸릴 것이고, 기차는 대부분 정시 출발이라 두 번째 기차는 놓친 것과 다름없다는 생각이 들자 화가 나기 시작했다. 그렇다고 뾰족한 수도 없어서 눈을 감고 다시 잠에 들었다.

그러는 사이 기차가 배에 옮겨졌다. 뭔가 기차에서 느껴본 적 없는 덜컹거림과 쇠를 고정하는 몇 차례의 소리로 기차가 배에 들어왔구나 하고 알 수 있었다. 잠결에 무거운 눈꺼풀을 잠시 들어올려 밖을 내다보았지만 기차가 배에 들어가는 모습은 바깥에서나 보면 흥미로울까 기차에 탄 사람들은 사실 볼 수 있는 게 없었다.

다시 눈을 떴을 때, 이미 기차는 이탈리아 육지에 도착해서 다니엘이 나를 깨우고 있었다. 작별인사를 하러 온 거였다. 시간이 많이 지체되어서 다니엘도 다음 기차를 잘 탈 수 있을지 걱정했다. 행운을 빌어주고 떠나는 다니엘과의 작별을 아쉬워할 새도 없이, 나는 다시 화가 났다. 갑자기? 그렇다. 순간적으로 갑자기! 이미 도착 시간이 지났는데 기차는 아직도 움직이고 있던 것이다. 그때 직원이 지나고 있길래 그를 붙잡고 물어보았다. "지금 도착 시간이 다 됐는데 언제 역에 도착하는 거죠?" 그런데 그가 이탈리아

어로 대답했다. 무슨 말인지 알아들을 수 없었다. 와. 안 그래도 속이 타
는데 더 화가 나려고 했다.

그때 갑자기 건너편에 앉아있던 한 여성이 기차가 연착됐지만 다음 기
차를 탈 수 있을 거라며 어디로 가는지 물어보았다. 나는 최종 목적지인
바리를 이야기하며 그사이에 갈아타야 하는 기차표를 포함해서 총 5장
의 티켓을 보여주었다. 그녀는 기차표를 꼼꼼히 살펴보더니 자기도 이다
음 기차까지 같은 방향이니 걱정하지 말라고 해주었다. 하지만 흥분은 쉽
게 사그라들지 않았다. 도끼눈을 뜨고 차창 밖을 응시하고 있었다. 그러
자 또 세상 아름답고 평화로운 지중해 바다가 눈앞에 펼쳐졌다. 이내 마
음이 누그러졌다. 와. 잘생긴 남자와 만나면 싸우고 화가 나려다가도 얼
굴 보고 풀린다더니.

그렇게 사람 속을 다 태워 놓은 기차는 도착 시간을 30분 지나서야 역
에 도착했다. 내게 걱정하지 말라던 여자는 짐을 챙겨 빠르게 자기를 쫓
아오라고 했다. 그래서 함께 기차에서 내려 다음 기차를 타러 가려고 하
는데 갑자기 그녀가 기차역을 벗어났다. 나는 당황했지만 어찌할 바를
몰라 일단 쫓아갔는데 도착한 곳에 고속버스 한 대가 서있었다. 그러고
보니 기차에 있던 사람들이 이 버스에 일제히 오르고 있었다. 기차가 연
착돼서 버스를 대기시켜 준 건가? 영문도 모른 채 나는 그 버스에 탔다.

그녀에게 물었다. 정말 제대로 가는 거 맞느냐고. 그 이탈리아 여자는
영어도 웬만큼 하는 것 같았는데 굳이 나에게 많은 설명을 해주지 않았
고, 다만 '괜찮다. 나를 믿어라. 걱정하지 마라' 정도의 말만 간단하게,
하지만 확신에 차서 해주었다. 그런 그녀에게 많은 것을 되물을 수도 없
어 그저 알겠다고만 했다.

버스가 출발하고 1시간 뒤 우리는 또 어딘가에 도착했고 버스에서 내려 몇 걸음 걷다 보니 다시 기차역이 나왔다. 그 기차역은 내가 경유해야 할 곳이었다. 그녀는 내가 타야 하는 플랫폼까지 데려다주며 조심히 다니라는 인사와 함께 나를 꼭 껴안아 주고 사라졌다. 내가 지금 천사를 만난 건가? 불과 1시간 전만 해도 출발 시간이 늦어져 모든 걸 망쳤다고 생각했는데 어느새 모든 게 제자리를 찾은 것처럼 원래 타려던 다음 기차를 여유롭게 기다리고 있는 상황이 되었다.

이후의 기차 여행은 지루하기 그지없었지만 순조로웠다. 거의 거북이 수준이라 자도 자도 목적지까지 가려면 한참이나 시간이 남았다. 그러다 바깥을 보면 너무나 예쁜 바다와 해수욕을 즐기는 사람들이 바로 눈앞 가까이에서 보였다. 어쩌면 내가 해 본 기차 여행 중에 가장 예쁜 뷰로 손꼽을 만한 기차 여정이었던 것 같다. 기차 안에는 사람도 거의 없어 앞좌석에 발을 올리고는 자세만큼은 일등석 칸에 앉은 것처럼 여유를 부렸다.

이탈리아 남부 해안선을 끼고 이동하는 기차를 타면 차창 밖으로 이리도 가까운 바다뷰를 만끽할 수 있다.

영원할 것 같던 두 번째 기차 여행도 끝은 있었다. 그리고 세 번째 기차에서 네 번째 기차로 갈아타기 위해 또 몸을 움직였다. 역무원에게 다음 환승역을 물어보자, 기차역 앞에서 버스로 이동한다고 했다. 알고 보니 아침에 탔던 버스는 기차가 연착되는 바람에 급하게 연결시켜준 대체 교통수단이 아니라 처음부터 그렇게 계획돼 있던 노선이었던 것이다. 기차만 네 번 갈아타는 여정인 줄 알았는데 이 중 두 번은 버스였다. 기차-버스-기차-버스-기차 순. 버스는 기차보다는 유연성 있게 운행이 가능했기에 첫 기차가 지체되어도 기다려줄 수 있었다는 사실. 그걸 여정의 막바지에서야 알게 되다니. 그러고 보면 이탈리아사람들도 나름 대책이 있었던 건가. '기차가 늦으면 중간에 버스를 운행하면 되지!'라고 아이디어를 냈을 그 사람에게 몹시 감사한 마음이 들었다.

나는 마지막 다섯 번째 기차까지 무사히 탈 수 있었다. 이 긴긴 여정의 끝이 어쩐지 아쉽기도 하고, 스펙터클했던 아침을 떠올리니 다시금 심장이 콩닥콩닥 뛰는 것 같기도 했다. 다니엘과는 제대로 작별인사를 하지도 못하고 서둘러 보냈고, 중간에 나를 도와준 천사의 이름도 모른 채 헤어진 것이 후회됐다.

종착역에 내려 확인하니 기차표에 적힌 시간에 제때 도착해 있었다. 출발할 때는 하나라도 잘못되면 이날의 계획이 전부 틀어지는 것처럼 조바심을 냈는데, 도착하고 보니 모든 게 예정대로였다. 그 사이에서 발을 동동 구르고, 화내고, 도끼눈으로 차창 밖을 바라봤던 내 모습이 생각났다.

그렇게 시칠리아에서 바리까지의 긴 여정은 끝이 났다. 장화 모양에 빗댄 표현을 하자면, 발가락에서 발뒤꿈치까지 가는 데 걸린 시간은 총 14시간이었다.

Venezia

Firenze

Roma

Napoli

Bari

Lecce

Si;lia

날 기다리게 하는 여자

이탈리아 바리의 기차역 안. 나는 대합실에서 설렘 반, 초조함 반으로 보내고 있었다. 만약 배경 음악이 흐르고 있었다면 이탈리아의 테너 안드레아 보첼리의 「Mai Piu Cosi Lontano」가 적절했을 것 같다. 자체 '브금'을 마음속으로 들으며 내가 기다리고 있던 사람은 바로 시모나였다. 늘 날 기다리게 하는 여자.

시모나는 남자친구 크리스티안Christian의 손을 붙잡고 나타났다. 지난 열흘간의 여행으로 시꺼멓게 탈 대로 탄, 근데 예쁘게 태우지 않아서 꼬질꼬질하고 여행의 피곤함에 절어 있는 나와 반대로 시모나는 자신의 본거지로 돌아와 어딘가 여유로웠으며 얼굴에서 빛이 났다. 사실 비행기로 1시간이면 올 수 있는 곳이었지만 하루 온종일 바리에 도착하는 것만을 목표로 긴긴 여행을 끝낸 나의 마음은 매우 극적인 상태였다. 그들을 보자 마음이 턱 놓였다.

"시모나! 널 여기서 다시 보다니! 바리에 영원히 도착하지 않을 것 같은 여행을 했어!"

"레나, 나도 네가 오늘 안에 안 오는 줄 알았어, 하하하하하하. 바리에 온 걸 환영해!"

빈정대는 시모나의 말투도 왠지 모르게 한결 부드러워져 있었다. 우리는 크리스티안의 집으로 향했다. 시모나는 남자친구와 함께 살고 있었고, 나는 바리에 있는 며칠간 그들의 집에서 신세지기로 했다.

다음 날 아침 느지막이 일어나니 크리스티안은 이미 출근해서 집에 없었고, 시모나는 거실에 앉아있었다. 잠이 덜 깬 우리는 멍하니 허공을 바라보고 앉아있다가 우선 아침을 먹기로 했다. 그녀는 커피와 함께 설탕이 뿌려진 딱딱한 이탈리안 토스트를 내주며 그 위에 마멀레이드 잼까지 발라 먹는다고 했다. 이탈리안식 아침은 단 걸 먹는 거라고, 그래야 하루를 힘차게 시작할 수 있다나? 당이라면 만만치 않게 좋아하는 나는 '이탈리안식 아침'이라는 이름까지 붙여진 이 과도한 설탕 폭탄의 아침식사가 제법 마음에 들었다.

슬슬 씻고 나갈 채비를 했다. 급할 게 없었기에 슬렁슬렁 느긋한 하루가 시작되었다. 그런데 샤워를 하고 머리를 말리려니 유독 나의 검고 긴 머리카락이 바닥에 떨어져 있는 게 눈에 띄었다. 그래서 주방 옆 베란다로 나가 바깥을 향해 수건으로 머리를 털고 있는데 그 모습을 본 시모나가 웃음을 터뜨렸다.

"레나, 어떻게 알았어? 크리스티안은 매일 집에서 내 머리카락 주우면서 다녀! 집에 머리카락이 떨어져 있는 걸 싫어해!"
"그럴 줄 알았어. 너도 이리 와. 크리스티안 스트레스 주지 말고."

둘은 베란다에 나란히 서서 머리를 말리기 시작했다. 햇빛도 좋고, 옆

건물에서 생긴 적당한 그늘이 시원했다. 그곳에서 오늘 무엇을 할지, 계획도 뭣도 아닌 대화를 나누고 머리가 어느 정도 마르자 안으로 들어왔다. 이제 나가보자고 하는 시모나를 따라 밖으로 나갔다. 역시 기다리고 있는 것은 뙤약볕.

우리는 빠르게 동네를 벗어나 버스에 올라탔다. 바리의 구시가지는 길거리에 사람이 거의 없고 정말 한적했다. 도시에 젊은 인구들은 다 빠져나가고, 새로운 인구의 유입은 줄었는데 기존 인구의 유출만 늘어서 유령도시 같은 느낌. 관광도시 이탈리아의 명성 속에 수많은 도시가 한국에도 알려져 있었지만, '바리'는 한국인 여행자들의 리스트에도 잘 찾아볼 수 없는 도시였다. 비잔틴 양식의 산 니콜라 대성당Basilica de San Nicola16과 아드리아해를 끼고 있는 미항 도시는 어째서 사람들에게 알려지지 않은 걸까.

시모나는 처음에는 내게 바리의 관광지와 명소를 몇 군데 안내해주려고 했지만 이내 그런 건 접기로 했다. 우리는 바리 구시가지에 있는 작고 특이한 가게들을 돌며 구경했고, 며칠 뒤 다가올 크리스티안의 생일 선물을 찾아보기도 했다. 그러다 좀 힘들면 시모나가 좋아하는 젤라토 가게에 들어가 피스타치오 아이스크림을 먹었다. 시모나는 나를 데리고 본인이 좋아하는 해변에 가고 싶어 했고, 우리는 해가 좀 들어가기를 기다리며 도심 속 그늘에 숨어 이곳저곳을 구경했다.

그렇게 오후가 되어 고속버스 느낌의 버스를 타고 1시간가량 이동하니 정말 사람 한 명 보이지 않는 숲이 나왔다. 간간이 물놀이를 마치고 나오는 가족 단위의 사람들만을 만날 수 있었다. 울창한 숲은 산림욕 하기에 좋아 제주도의 '비자림'을 생각나게 하는 곳이었다. 숲길을 따라 내려가

---

16. 어린이들에겐 산타클로스 할아버지로 유명한 '성 니콜라스(San Nicholaus)'의 유해가 안장되어 있다.

니 작은 해변이 나왔는데 꽤 많은 사람들이 해수욕을 즐기고 있었다. 우리는 딱히 수영복 따윈 챙겨 가지 않았기 때문에 해안의 바위에 걸터앉아 발만 바다에 담그고 한참 수다로 시간을 보냈다.

그날 나는 우리가 왜 친해졌는지 뒤늦게 깨달았다. 내가 왜 늘 나를 기다리게 만드는 사람을 툴툴대면서도 매번 기다렸는지. 나는 사람과의 대화는 흐름이나 주제, 내용, 사용하는 어휘, 제스처 같은 걸로 즐거웠는지, 유익했는지, 편안했는지 등을 판단할 수 있다고 생각하면서도 한 가지 더 중요하게 생각하는 포인트가 있었다. 바로 대화 사이의 공백이었다. 이 순간이 어색한 사람과는 어딘가 함께 있을 때 불편한 법이다. 그리고 그런 공백이 등장하는 순간을 못 견디고 어색하게 말을 계속 거는 사람들이 있다.

우리는 하루 종일 함께 있는 동안 시답잖은 이야기를 하고, 또 쉬어 가기를 반복하며 보냈는데 나는 그 하루가 정말 편안했다. 마치 오랜만에 고향 친구를 만나 수다를 떨고 있는 것 같았다. 한 명은 이탈리아, 한 명은 한국에서 각자의 집을 떠나온, 비슷한 구석이라고는 찾아볼 수 없던 우리가 어느새 이렇게 의지하고 서로에 대해 잘 알고 있다는 게 신기했다.

밤이 다가오자 크리스티안은 우리를 데리러 숲 입구에 차를 대놓고 기다리고 있었고, 나는 또 괜스레 모래를 그의 차 안에 흩뿌릴까 봐 신경이 쓰여 수돗가에서 깨끗이 다리를 닦고 차에 올랐다. 차 안에서는 크리스티안의 취향이 전혀 아닐 법한 제니스 조플린의 「Piece of my heart」가 흘러나왔고 시모나는 노래를 따라 흥얼거렸다. 시모나와 제니스 조플린의 콜라보가 꽤 괜찮게 들리는 밤이었다.

멋진 이탈리안 언니, 오빠

스페인 바다에 가면 흔하게 보는 것 중 하나. 바로 상의를 탈의한 여성들이다. 보통 '토플리스Topless'라고 하는데 유럽의 일부 누드 비치를 제외하고는 이런 토플리스 여성들을 잘 찾아볼 수 없지만, 스페인 발렌시아에서는 흔한 일상이었다. 사실 이미 해변에는 토플리스 남자들이 누워있고, 뛰어다니고, 바다에도 들어가는데 모래사장에서 상의를 탈의한 채 시원한 바닷바람을 느끼거나 태닝하는 여성의 모습이 그리 대수로울 것도 없었다.

이탈리아에서 온 시모나는 그해 여름을 발렌시아 해변에서 살다시피 했는데, 어느 날은 나도 함께 바다에 가기로 했다. 내가 도착하자 그녀는 이미 해변에 자리를 잡고 누워있었다. 그녀의 바다 사랑은 진심이었던 걸까? 거의 대부분의 약속에서 날 기다리게 했던 그녀가 유독 바다에서만큼은 먼저 와있었다.

그리고 그녀는 토플리스였다. 상반신을 드러낸 채 반쯤 누워있는 자세로 바다를 바라보던 시모나가 말했다.

"레나, 나는 토플리스로 바다에 있는 게 좋아. 스페인 해변의 가장 큰 장점이야. 이렇게 있어도 아무도 쳐다보지 않는 게."

사실 '아무도'라고 하기엔 꽤 많은 사람이 흘긋거리며 쳐다보고 있었다. 관광객들도 많았고 아무리 일상화되었다고는 해도 완벽하게 시선을 끊어내는 것은 불가능해 보였다.

"정말 아무도 보지 않는다고 생각해?"

시모나는 만약에 이탈리아 해변에서 토플리스로 있었다면 와서 대놓고 쳐다보며 불편함을 주는 사람이 있을 거라며 본체만체 힐끔거리는 건 대수롭지 않다고 했다. 나는 시모나에게 한국이었으면 풍기문란죄로 경찰이 출동해서 '상의 좀 입어 달라'는 경고를 받았을 거라고 해주었다. 둘은 이런 농담을 나누며 키득거리며 웃었지만, 완전히 농담은 아니었다. 어쨌든, 나도 모르는 사이에 그해 여름을 자유롭게 만끽하고 있었던 그녀.

"시모나, 그럼 스페인 떠나면 토플리스도 이제 끝인 거야?"
"아니, 이탈리아에 돌아가서도 해 보려고. 쳐다보려면 쳐다보라지, 뭐."

오. 나는 신념을 가진 사람들이 좋다.

그리고 몇 주 뒤, 나는 이탈리아 해변에서 시모나가 혼자 토플리스로 누워있는 걸 바다 멀리서 지켜보고 있었다. 가족 단위로 바다를 찾은 사람들이 유독 많은 해변에서 뭇사람들의 눈길에도 아랑곳하지 않고 꿋꿋이 상의를 벗어 던지고 누워있던 그녀의 한결같음에 살짝 웃음이 나왔다.
나는 크리스티안에게 물었다. 여자친구가 토플리스로 누워있는 것에 대해. 크리스티안은 그녀가 원하는 건 뭐든지 괜찮다고 했다. 남들이 하는 것에는 합리적인 입장을 보이다가도 막상 본인이 해야 한다거나 혹은 본인의 파트너나 가족이 세상의 시선을 받는 행동을 할 때는 그 입장을 달리하는 사람들도 있다. 어쩌면 나도 그런 사람 중 하나일지도 모르겠다. 나는 상의를 벗어 던진 시모나를 보며 '저렇게 살면 편하긴 하겠다' 싶으면서도 한편으론 '굳이…'라는 생각도 들었다. 굳이 사람들의 시선을 끄는 행동을 하지 않는 게 편하기 때문이다.

만약 크리스티안이 사람들이나 혹은 다른 남자들이 여자친구의 드러낸 상체를 쳐다보는 것이 싫다고 말했어도 크게 놀라지 않았을 것이다. 하지만 전혀 신경 쓰지 않는다고 말하는 그. 크리스티안에게 나도 반할 뻔했다. 나는 그런 면에서 '내로남불'의 기질이 없는 이 커플이 좋았다.

그렇게 아드리아해의 따뜻하면서도 시원한 바닷물을 온몸으로 느끼고 돌아오는 길에 별안간 시모나가 해변의 한 남성과 언성을 높이기 시작했다. 그 옆엔 더위에 지친 기색이 역력한 강아지 한 마리가 땡볕에 달궈진 모래사장에 누워있었다. 시모나는 강아지의 보호자로 보이는 사람에게 강아지를 이런 날씨에 이런 곳에 방치하면 안 된다고 항의하고 있었다. 한 치의 물러섬 없이 맞서는 보호자를 향해 크리스티안이 점잖게 나섰다. 더위를 피할 수 있게 강아지에게 안전한 조치를 취하라고 함께 맞선 것이다. 강아지 보호자는 억울하다는 듯 두 손바닥을 하늘로 보이며 무어라 대꾸했고, 우리는 그를 뒤로하고 해변을 빠져나왔다.

와. 멋쟁이들. 크리스티안은 원래도 나보다 오빠였지만 그렇게 듬직해 보일 수가 없었고, 그날따라 나보다 동생인 시모나까지도 멋진 언니처럼 보였다.

여행의 끝에서 마주한 건

길쭉한 장화 모양을 하고 있는 이탈리아 반도. 그냥 장화가 아니다. 바로 장화가 하이힐을 장착한 모양이다. 바리Bari에서 뒷굽의 해안선을 따라 곧장 내려가면 레체Lecce라는 도시가 있다. 바로 시모나의 고향. 스페인어로 우유Leche와 같은 발음이어서 늘 시모나는 스페인사람들에게 본인이 어디 출신인지를 설명할 때면 "우유랑 스펠링이 다르다"는 코멘트를 추가하곤 했다.

이탈리아에서의 마지막 날, 시모나는 가족들과의 일요일 점심식사에 초대한다며 나를 데리고 고향 레체로 향했다. 바리에서는 차로 1시간이 조금 넘는 곳이었다. 바리 시내를 벗어난 순간부터 이미 차창 밖에서 시골의 냄새가 풍겨왔지만, 우리가 도착한 레체는 정말 '시골'이었다. 포도밭 사잇길을 달려 낡은 집 앞에 차가 섰다. 시모나의 집이었다. 입구에서 누렁이 한 마리가 나와서 인사해 준다. 시모나의 반려견이었다. 이 누렁이는 딱히 이곳 출신도 아니었는데도, 묘하게 이 공간에 들어오니 시골 냄새를 한 스푼 더해 주는 정겨운 존재였다.

뒤이어 시모나의 아버지가 나오셨다. 살짝 벗겨진 머리, 반바지 밖으로 꺼내 입은 폴로 셔츠 그리고 슬리퍼까지… 이 모든 게 한데 어우러지니 내가 지금 정말 이탈리아에 있는 건지, 한국의 양촌리에 있는 건지 쉽게 구분이 되지 않았다. 그때 나는 잽싸게 가방을 열어 스페인에서부터 14일의 여정 동안 나와 함께한 스페인산 와인 한 병을 꺼내 시모나의 아버지 품에 안겼다. 여행을 해야 했어서 작은 선물밖에 준비하지 못했다는 변명과 함께. 시모나의 아버지는 웃으면서 고맙다고 해주셨다. 옆에서 시모나가 이 동네 사람이면 와인은 다 만들어서 먹는데 왜 이런 걸 또 사 왔냐고 핀잔을 주었다.

낡은 집안의 주방에는 이미 음식 준비로 한창인 시모나의 어머니와 할머니가 계셨다. 두 분과 인사를 나누고 나자, 어디선가 맛있는 냄새가 났다. 주방 식탁에 방금 구워 낸 스콘이 스콘은 아니었으리라. 하지만 맛과 생김새가 매우 비슷했다. 있었다. 시모나는 하나 먹어보라며 내 손에 스콘을 쥐어 주었다. 빨갛게 박혀있는 건 라즈베리인 줄 알았는데 먹어보니 토마토 맛이 났다. 너무 맛있어서 '순삭'하고 뒤를 돌아보니 크리스티안도 나와 비슷한 감동을 느끼며 허겁지겁 스콘을 먹고 있었다.

집안을 관통해 밖으로 나가니 파란 잔디가 깔린 정원이 나왔고 2개를 나란히 이어 붙인 기다란 테이블이 놓여있었다. 시모나의 언니 그리고 언니의 남자친구와 인사를 했다. 의자 하나를 빼서 테이블에 앉아있는 사이 음식들이 하나둘 나오기 시작했다. 시모나가 기다리는 동안 먹고 있으라며 큰 그릇에 뭔가를 내왔다. 언뜻 말린 복숭아 씨앗인가 했는데 놀랍게도 호두처럼 단단한 껍질이 있는 아몬드였다! 모양새도 신기했지만 항상 로스팅된 아몬드만 먹다가 껍질을 바로 까서 먹는 맛이 또 색달랐다.

이때부터 나는 3대가 모인 이탈리아 가족의 일요일 점심이 어떤 것인지 확실히 알 수 있었다. 음식 종류만 다르지 매우 익숙한 문화이기도 했다. 바로 한국의 명절날과 비슷했다. 먹고, 또 먹고, 또 먹고, 또 먹는 행위의 무한 반복이 이어졌다. 처음에 아몬드 몇 알 까먹은 게 후회가 될 정도로 음식이 계속 나와서 나중에는 '제발, 그만 주세요~~'라고 말하고 싶을 정도가 됐다.

우선 이탈리아 남부지역의 대표 술 리몬첼로Limoncello를 권해주셔서 한 잔 들이켜고 나니 어떤 술을 좋아하는지 물어보셨다. 식탁 위에는 화이트 와인, 레드 와인, 맥주 등 온갖 술이 다 올라와 있었고 나는 그중에서 집에서 직접 담그셨다는 레드 와인을 골라 한 잔 마셨다. 눈이 번쩍했다. 이거 내가 한국에 가져가서 팔 수 없을까? 싶을 만큼 '와.알.못'인 내 입맛에도 착 붙을 정도로 맛있었다. 무슨 와인에서 감칠맛이 나냐며 감탄에 감탄을 했다. 순간 내가 사 온 스페인산 와인이 눈에 아른거리며 아까 시

모나가 핀잔을 준 게 고맙다는 표현을 에둘러 한 게 아니라 정말 핀잔이었구나란 생각이 들었다.

테이블 중앙에는 함께 덜어서 먹을 수 있는 샐러드용 야채와 빵이 올려져 있었다. 대망의 애피타이저가 등장했다. 바로 라자냐였다. 이게 애피타이저인 줄 모르고 이 라자냐 한 접시를 거의 다 먹어 가고 있을 무렵, 시모나의 언니의 남자친구가 갑자기 바비큐 그릴에 불을 피우더니 소시지를 굽기 시작했다. 소시지쯤이야 배가 불러도 먹을 수 있지, 하고 받았는데 이게 또 양이 어마어마했다. 순대처럼 돌돌 말린 기다란 이탈리아식 소시지였다. 그리고 소시지를 먹고 있을 무렵 굽기 시작한 스테이크. 다들 어쩜 그리 잘 드시는지 약간 놀라울 지경이었다. 결국 소시지와 스테이크를 다 먹지 못하고 남겨야 했던 나.

포크와 나이프를 내려놓기가 무섭게 그때부터는 디저트 폭격이 시작되었다. 시작은 가볍게 수박 반 통이 잘려서 나왔다. 그리고 이어진 디저트 행렬. 복숭아처럼 생긴 크림 복숭아빵Pesche Con Crema이 나와 이제 끝이겠거니 하나 집어서 먹는데, 이번엔 거대한 판에 케이크가 등장했다. 티라미수의 또 다른 버전이었던 이 케이크가 칼로리 폭탄이라며 시모나는 손도 대지 않았지만 나에게 권해주었다.

그렇게 칼로리 폭탄을 맨 마지막에 해치우고 나서야 끝난 식사. 2시간 30분에 걸친 점심식사였다. 왜 브런치라는 말이 등장했는지 알 것도 같았다. 주말에 느지막이 일어나서 늦은 아침 겸 이른 점심을 먹게 된 데서 유래된 게 아니라, 이렇게 많이 오래 먹으려면 아침 정도는 사뿐히 건너뛰어 주어야 했기에 시작된 게 아니었을까? 라는 생각이 들었다.

시모나는 돌연 무언가 생각난 듯, 나를 밖으로 데리고 나갔다. 그러고는 갑자기 베스파Vespa를 타보지 않겠냐고 했다. 난 그때까지만 해도 베스파가 무엇인지 모르고 있었다. 베스파는 이탈리안 브랜드의 스쿠터였다. 1940년대에 출시 된 이후로 이탈리아의 아이콘이기도 한 베스파에 관해 전혀 모르고 있었던 나에 비해 시모나의 자부심이 확실해서 엉겁결에 나도 '와! 베스파다!'라고 감탄하는 연기를 하기 시작했다. 그러자 시모나는 아버지에게 '레나를 베스파에 태워달라'고 부탁했고, 아저씨는 또 흔쾌히 나를 베스파에 태워 동네 마실을 나섰다.

스쿠터는 처음 타보는데도 워낙 수십 년 경력으로 다져진 시모나 아버지의 숙련된 주행 덕분에 불안함이 없었다. 포도밭 사잇길을 달리다 이웃 주민이 나오면 멈춰 세워서 나를 인사시키고 한참을 수다를 떨다 다시 출발하고, 또 누군가 나오면 다시 멈춰 세워서 나를 인사시키고 수다를 떨기를 반복한 끝에 '레체 베스파 투어'가 끝이 났다. 베스파가 다시 집에 다다르자 멀리서부터 깔깔대며 웃고 있는 시모나가 보였고, 그 옆에는 어느새 잠에서 깨 밖으로 나온 크리스티안이 나를 보고 손을 흔들었다.

베스파 체험까지 마치고 나니 이제 레체를 떠날 때가 되었다. 시모나의 가족들에게 거의 이마를 땅에 대고 절이라도 할 것처럼 감사하다는 말을 전하고 동네를 벗어났다.

나는 이대로 공항으로 가는 줄 알았는데 시모나는 레체의 이곳저곳을 보여주지 못한 게 아쉬웠는지 갑자기 '레체의 산토리니'를 소개하겠다며 나를 어딘가로 데려갔다. 입구가 좁은 어느 작은 주택가. 일대의 주택들이 다 하얀 페인트로 칠해져 있어 정말 산토리니를 연상케 했다. 작은 골목 사이를 헤치고 가다 보면 그 밑이 절벽 낭떠러지인 난간에 도착하게 된다. 그리고 보이는 고대 로마때 지어진 아치형 다리. 이곳이 아니면 배를 타지 않는 이상 이 다리를 잘 볼 수 있는 곳이 없다고 했다. 사실 거기서도 잘 보이진 않았지만, 내게 고향 마을을 하나라도 더 보여주고 싶은 시모나의 마음이 전해졌다. 그렇게 시모나 투어의 마지막 리스트까지 완수하고 우리는 그제야 공항으로 향했다.

공항으로 가는 길 내내 크리스티안과 시모나에게 내 나름의 고마움을 표현했다. 이다음은 그 둘이 꼭 한국에 왔으면 좋겠다고 생각하면서. 시모나에게는 한국에 너와 같은 베지테리언들이 어딜 가도 맛있게 먹을 수 있는 음식들이 많다고 거짓말도 해 두었다.

스페인에서 시모나와 마지막으로 나눈 인사는 '이탈리아에서 곧 보자'였는데 이번엔 정말로 마지막 같았다. 한동안 볼 수 없을 거란 걸 누구보다 서로 잘 알고 있었다. 눈물이 나오려는 걸 꾹꾹 누르고 시모나를 껴안고 온기를 나눴다. 발렌시아에 다시 가면 친구들에게 안부 전해달라는 시모나를 뒤로 하고 출국장을 지나 비행기로 향했다.

순식간에 지나간 이탈리아에서의 2주. 그 어느 때보다도 사람들의 도움을 많이 받았던 여행이었다. 여행에서 만난 사람들의 얼굴이 하나씩 머릿속을 스쳐지나갔다. 옥은 한국에 잘 도착했을까? 시칠리아에서 만난 즈베바는 시험에 합격했을까? 나를 도와준 시칠리아의 천사는 어디 사는 누구였을까? 시모나는 언제 또 볼 수 있을까? 무엇보다 별 탈 없이 무사히 끝난 여행에 안도의 감사를 하며 집으로 돌아왔다.

마르타는 최소 1년은 못 본 것처럼 반겨주었고, 그 사이에 고향인 스페인 북부의 산탄데르Santander에 다녀왔다며 초콜릿을 선물로 주었다. 그러고 보니 마르타를 위해 아무것도 사 오지 않은 나. 미안하다고 말하는 내게 마르타는 괜찮다고 했다. 멀리서 토마사도 검게 그을린 나를 구경하러 걸어오고 있었다.

여행 동안 내 신체 일부처럼 한 몸이 되었던 캐리어의 짐은 순식간에 원래 자리를 되찾았고 나는 빠르게 여행의 피곤함을 던져버리듯 입고 다녔던 옷을 전부 세탁기에 돌려 옥상에 널어 두었다. 샤워까지 마치고 침대에 눕자 매일 밤 마주했던 익숙한 풍경이 눈에 들어왔다. 바로 스페인식 서까래. 나무 골조가 보이는 천장은 내가 이 집을 좋아한 이유 중 하나이기도 했다. 여행 끝의 피로 그리고 시모나와 아쉬운 작별을 하고 돌아와 살짝 짓눌렸던 마음이 스르르 풀리는 것 같았다.

다시 집이었다.

나무와 벽돌이 그대로 드러난 스페인식 서까래를 바라보는 것은 내겐 매일 밤 침대에 누워 치르는 일종의 힐링 의식이었다.

Chapter 3

또 다른 세계로

서여사와의 만남

스페인에 있는 동안 많은 친구들이 나를 찾아왔다. 숨 막힐 듯 반가운 짧은 재회의 순간을 뒤로하고 다시금 맞는 이별은 어쩐지 내겐 익숙해질 수 없는 힘든 경험이었다.

그날도 그랬다. 어찌할 줄 모르는 마음을 달래기 위해 대화 상대가 필요했다. 로씨오에게 연락했다. 로씨오는 마침 근방에서 누군가를 만나고 있었다. 괜찮으면 자기가 있는 곳에서 같이 만나도 좋다는 로씨오의 말에 그길로 그녀에게 향했다.

발렌시아 북역Estación del Norte 안의 카페테리아. 로씨오는 어떤 여자와 테이블에 앉아있었는데, 그 모습이 멀리서도 범상치 않아 보였다. 그녀의 이름은 '유주'였다. 이제 막 한국에서 온 유주는 3년간 다니던 회사를 그만두고 쉬는 사이 부모님과 유럽여행을 마치는 길에 2개월간 스페인어를 배우러 왔다고 했다. 긴 다리를 꼬고 앉아 두 눈에 힘을 주고 있는 모습이 어제까지도 회사에서 야근하다 온 사람 같은 풍모를 풍겼다. 생각보다 나이가 어렸는데, 그 나이대를 연상하기 어려운 볼륨이 강한 헤어스타일, 에스닉한 옷차림새에 옆에 있는 로씨오가 갑자기 철부지 애 같아 보일 정도였다. 이 첫인상은 나중에 그녀를 부르는 호칭으로 이어지게 된다.

"서여사~"

첫날, 그녀의 화려한 여행 이력을 잠시 듣고 있는데 옆에 놓인 짐이 수상했다. 이미 도착한 지 며칠이 지났다고 했는데 캐리어가 놓여있었다.

"이건 뭐예요?"
"아~ 지금 머무는 곳을 꾸미려고 좀 샀어요."
"조금이 아닌데요?" _{초면에도 할 말 하는 스타일}

순간 셋 다 웃음이 터졌다. 스페인에 한국의 '소비왕'이 온 것 같았다. 2개월간 머물 집이 삭막하다는 이유로 '자라홈'에 들러 본인 취향의 인테리어 소품을 잔뜩 사 들고 온 그녀. 단 2개월간 머무는 동안이라도 나름 생기를 불어넣으려고 생각한 것 같았다.

그렇게 강렬한 첫인상을 남긴 서여사와는 그후 로씨오가 까사베르데 사람들과 여는 파티에 초대해 주면서 더 친해질 수 있었다. 그 뒤로부터 일주일 뒤, 우리는 발렌시아에서 해안선을 따라 내려가면 있는 스페인 남부 소도시가 예쁘다는 말에 가보기로 했다. 스페인의 산토리니로 불리는 알떼아Altea였다. 발렌시아에서 차로 1시간 30분이면 갈 수 있어 블라블라카를 예약했다. 본인을 아티스트라고 소개하는 잘생긴 스페인 청년이 허름한 차를 끌고 우리를 픽업하러 나타났다.

타들어간 평야를 보는 듯한 스페인의 차창 밖 풍경을 한참 보고 나자 알떼아에 도착했다. '훈훈하게 참 잘생기고 착하다'는 블라블라카 이용후기를 우리끼리 한국어로 이야기해 보며 차에서 내렸다. 도착하자마자 휴양객들을 겨냥한 인테리어 소품과 의상을 파는 가게들이 보였다. 소비왕 서 여사는 다시 눈이 돌아갔지만, 이제 막 도착한 여행지에서 그런 걸 사들일 여유는 없었다. 간단히 가게 구경만 한 후 바다로 향했다.

해변까지는 좀 걸어야 했지만 높은 지대에 자리잡은 이 작은 소도시에서는 어딜 가도 쉽게 바다를 볼 수 있었다. 투명하기도 하고, 눈부시도록 투명하고 파란 바닷물을 보고 있으니 불현듯 이탈리아 여행이 생각났다. 왜 이탈리아까지 간 거지? 코앞에 이런 바다가 있었는데…. '현타'가 밀려오기도 했지만 이탈리아 여행은 다시 생각해도 재밌었다.

우리는 한 레스토랑에서 늦은 점심을 먹고 인근의 주택가를 돌아다녔다. 걸어도 걸어도 출구가 나타나지 않는 미로 같은 골목길을 한참을 돌았다. 사방이 하얀 벽에 둘러싸인 좁은 골목길을 걷고 있으니 한 번도 가보지 못한 산토리니를 이미 다녀온 듯한 착각마저 들었다.

언덕길을 걷다 지쳐 잠시 쉬며 마주한 알떼아의 바다는 사람이 많지 않아 여유가 넘쳤다. 우리는 한적한 곳에 자리를 잡고 바다에 들어갔다 나왔다, 낮잠을 자다 깼다 하며 한가로운 시간을 보냈다. 그리고 그 자리에서 당장 다음 주에 또 다른 소도시에 가보기로 결정했다. 다음 여행지는 '데니아Denia'였다. 그야말로 '여행 원정대' 발족식이 알떼아에서 이루어진 셈이었다.

당신 인생의 가장 큰 이벤트는 무엇인가요?

　스물 둘에 나는 처음으로 혼자 저 먼바다 건너에 있는 섬나라 뉴질랜드로 영어를 배운답시고 떠났다. '1년 동안 영어를 배운다. 그리고 한국에 돌아온다' 만을 유일한 목표로 두고 떠난 뉴질랜드에서 나는 의외로 많은 걸 하고 돌아오게 된다. 보통은 한 학원을 등록하고 쭉 다니다 오는데 나는 학원도 여러 번 옮기고, 사는 지역도 옮겨가며 참 번거롭게 살았다. 인생 첫 해외살이는 정말 궁금한 게 많았다. 호기심이 귀찮음을 이긴 날들이었다.

　두 번째 학원에서의 마지막 날, 내가 있던 클래스에 새로운 일본인 학생이 들어왔다. 뚜렷한 이목구비에 치켜 뜬 눈이 고양이 같던 얼굴. 하얀 피부는 왼쪽 눈 밑과 뺨 사이의 점 덕분에 더 희게 보였다. 그날은 마침 시험이 있던 날이었다. 다음 레벨로 갈 수 있을지 없을지가 걸린 테스트여서 우리는 꽤 진지하고 긴장한 상태로 시험을 보았다. 나는 마지막 서술형 문제에서 난항을 겪었는데 영어표현에 서툰 탓도 있었지만, 나의 스물 둘 인생을 되돌아보게 하는 질문과 마주했기 때문이었다.

　"당신의 인생에 있었던 가장 큰 사건(이벤트)은 무엇이었나요? 그리고 그것이 어떤 영향을 끼쳤나요?"

그 시험이 뭐라고. 대충 쓰고 나오면 되는 걸 나는 고민의 고민을 거듭했다. 결국 대한민국의 20대 초반이 겪었을 가장 큰 인생의 이벤트(!)를 적었다. 대학에 입학한 스토리. 고작 대학 입학한 게 내 인생의 가장 큰 사건이라니…. 재미없었다. 물론 거의 목숨을 걸다시피 입시를 치르긴 했지만. 별수 없이 가까스로 대학에 첫발을 내디딘 인생 첫 업적과 앞으로 더욱 매진해서 장래에 뭐가 되고 싶다는 뻔한 작문의 답안지를 제출하고 나왔다. 학원 계단을 터벅터벅 걸어 내려오니 새로 온 일본인 학생이 쪼그려 앉아 담배를 피우고 있었다.

시험 도중 가장 먼저 나간 학생도 그녀였다. 첫날부터 여러모로 특이한 행동을 해서 인상에 강하게 남아있었다. 시험 중간에 선생님에게 영어로 질문을 하는데, 문장 끝에다 구어체의 일본어 표현을 넣어 말을 했다. 그리곤 시험이 시작된 지 얼마 안 돼 고군분투하는 학생들을 뒤로하고 혼자 휘리릭 답안지를 제출하던 그녀. 왠지 궁금해진 나는 슬쩍 말을 걸었다.

"너 엄청 빨리 시험지 내고 나가던데? 시험이 쉬웠어?"

"아니. 쉽지 않았지."

"나는 마지막에 내 인생에 가장 큰 사건을 적으라는 문제가 제일 어려웠어. 너는 뭐라고 적었어?"

"아~ 그거! 나는 도쿄 디즈니랜드에서 큰 이벤트가 있을 때 다녀온 걸 적었어! 푸하하하!"

그러고 해맑게 웃는 그녀. 영어의 이벤트를 정말 '행사'로 받아들인 건 이해가 갈 만한 해석이었다. 동아시아권 사람들에게 '이벤트'라 하면 선물을 주는 행사 뭐 그런 게 당연한 거 아닌가! 그때의 대화로 나는 그녀가 삶에 임하는 자세가 확 와닿았다. 해야 하는 것들을 열심히 하되, 모든 일에 과하게 진지할 필요는 없다는 것. 많은 것에 긴장하고, 1점이라도 더 받기 위해 아등바등 지내 온 몇 년간의 삶이 주마등처럼 스쳐지나갔다.

그녀는 자신을 '아이'라고 소개했다. 우리는 강렬한 첫 만남 이후로 친구가 되었고, 아이의 절친인 케이코까지 함께 한국과 일본을 오가며 인연을 이어갔다.

20대 초반에 만나 어느새 30대를 맞이한 우리 셋 중 한 명은 결혼을 해 전업주부가 되었고, 한 명은 평범하게 직장을 다니고 있었다. 그리고 또 한 명은 회사를 그만두고 스페인어를 배우러 와있었다. 아이와 케이코는 내가 스페인에 온 게 충격적인 일이라고 했다. 왜 아니겠는가? 대부분 서른이 지나면 새로운 도전을 하기보다는 지금 가진 것을 더 불리는데 집중하며 안주하거나 현재 속한 조직에서 성장하는 걸 목표로 움직이게 되는데, 그중 어느 것도 선택하지 않고 해외로 나와 있으니 말이다. 그녀들도 20대에는 뉴질랜드살이와 세계일주까지 도전했던, 모험정신이라면 어디 가서도 빠지지 않는 친구들이었다. 이제 '해외에 가본 게 언제였지?' 되묻는 게 익숙해진 그녀들의 삶에 내가 화두를 던진 듯했다.

아이는 내가 스페인에 있다는 소식을 듣고 케이코에게 바로 이렇게 물었다고 한다.

"레나 만나러 스페인에 다녀올래?"

하몽, 치즈, 빵 그리고 바다

발렌시아 사티바^{Xativa}역. 사람들이 분주히 오가는 역 안이나 공항에서는 하루 종일도 있을 수 있을 것 같다는 생각이 들곤 한다. 다들 어디를 그렇게 가는지, 이 기차를 타면 어떤 곳으로 갈 수 있을지 그런 생각을 하며 발렌시아로 오는 '아이'와 '케이코'를 기다리고 있었다. 그녀들이 탄 기차가 역에 도착하자 출구 근처에서 플랫폼 안을 뚫어지게 쳐다보았다. 쏟아지는 사람들에 시야가 가려져 찾을 수가 없었다. 그때 어디선가 "아! 레나다! 레나가 있어!"라고 말하는 소리를 듣고 목소리의 주인공을 바로 알아챌 수 있었다. '아이'였다.

"오랜만에 뵙습니다!!"

우리는 평소 만나면 하던 것처럼 장난삼아 허리를 굽혀가며 정중히 인사했다. 갑자기 스페인을 배경으로 재잘거리는 일본어와 익숙한 얼굴들이 뒤섞이자 내가 지금 어디에 있는 건가 싶었다. 그녀들의 숙소로 먼저 이동한 후 간단히 짐 정리를 하며 지난 여행에 대한 브리핑을 받고, 오늘은 뭘 하고 싶은 지에 대해 들어봤다. 관광보다 내가 사는 곳에 가보고 싶어 했다. 으레 지인들이 발렌시아에 오면 '레나 투어'의 필수 코스로 집에 데려가곤 해서 문제없이 마르타의 집으로 향했다.

가는 길에 배가 고파서 뭔가 사 먹으려는데, 한여름 발렌시아에는 한 달 내내 문을 닫거나 아침에만 영업하고 2~3시부터는 문 닫고 퇴근하는 상점들이 많았다. 당장 굶주린 그녀들을 데리고 어딜 가야 할지 고민하다 불현듯 근처의 한국인이 한다는 도시락 가게가 생각났다. 발렌시아의 한인 유학생이 열었다는 가게가 마침 나도 궁금해서 가보고 싶었던 차였다. 아이와 케이코는 스페인에서 한식을 먹을 수 있단 말에 눈을 반짝이며 매우 흥미진진해했다.

여름휴가로 주변 가게들이 문을 열지 않은 덕에, 도시락 가게엔 발렌시아 현지인들도 아이를 데려와 도시락을 주문하고 있었다. 메뉴는 양념치킨과 불고기였다! 우리도 도시락 2개를 주문하고 기다리고 있었다. 가게 벽은 이곳을 방문한 사람들의 낙서가 하얀 타일 한 장 한 장에 그려져 있었다. 이것은 어딘가 되게 익숙한… 학교 근처 분식집이나 대학가의 옛날 주점에서 본 듯한 풍경이지 않은가. 물론 스페인사람들은 이해하지 못하는 문화였기에 남의 가게 벽에 일절 손대지 않았지만, 몇 안 되는 한국인들이 남기고 간 흔적이었다. 나와 아이도 쪼그려 앉아 그림을 그리기 시작했다. 그러는 사이에 주문한 도시락이 나왔다.

도시락을 들고 다시 뙤약볕 속을 걸었다. 집으로 가는 길은 내가 특히 좋아하는 골목을 지나갔다. 아주 옛날 이슬람의 지배를 받았던 스페인은 아랍문화의 영향을 받은 흔적들이 지금까지도 남아있다. 모스크를 개조한 발렌시아 대성당이 대표적이다. 이밖에 기독교와 무어인[17]이 사는 곳을 구분한 '아랍의 벽The Arab wall'과 작은 아치형 문이 주택가들 사이에 존재한다. 나는 그 아치형 문을 지날 때마다 내 키가 닿을지 위치를 바꿔 가

---

17. 이베리아 반도를 지배했던 아랍계 이슬람 교도들.

며 걷곤 했었다. 그만큼 낮은 문이라 건너편이 잘 보이지 않았다. 지금은 현지인도 모를 정도로 벽의 대부분을 허물고 주택가가 들어섰지만, 온전했던 아랍의 벽을 사이에 두고 무어인들이 살았을 예전의 모습을 상상해 보는 게 재미있었다. 집까지 가는 골목길의 비하인드 스토리를 아이도 무척 좋아했다. 아이와 나는 그런 면에서 참 잘 통했다.

집 문 앞에 다들 헉헉거리며 도착했다. "레나, 매일 여길 오르내리는 거야?" 케이코가 물었다. 아무리 살아도 적응이 되지 않을 것 같은 높이. 매일 나를 고비로 이끄는 한여름의 5층 계단이었다. 평범한 스페인 가정집 같으면서 스튜디오처럼 꾸며진 마르타네 집 내부를 흥미롭게 구경한 뒤 도시락을 시식했다. 아이는 일본에서 사 온 구호물자를 전해주었다. 일본의 인스턴트 라멘과 주전부리였다. 같은 아시아 문화권 음식이라는 이유만으로 고향의 맛을 선물받은 것 같았다.

저녁엔 근처의 레스토랑에서 빠에야와 해산물 요리를 먹고 시원한 밤바람을 맞으며 발렌시아의 밤거리를 걸었다. 아이와 케이코와 같이 있으니 이들과 함께 여행을 온 것 같기도 했다. 다들 추억에 잠겨서 뉴질랜드에서 처음 만났을 때 이야기를 하는데 기분이 묘해졌다.

다음 날 오전에 수업을 가면서 아이와 케이코에게 센트럴 마켓을 구경할 겸 이베리코 하몽과 치즈를 부탁해 두었다. 이른 오후에 다시 만난 우리는 말바로사 해변으로 향했다. 그날따라 사람들이 의외로 없었다. 우리는 해변의 간이 상점에서 시원한 맥주와 음료를 사서 자리를 깔고는 준비한 빵과 하몽, 치즈를 얹어 스페인식 안줏거리를 만들었다. 한여름 해변에서 마시는 맥주와 하몽의 짠맛, 빵의 담백함, 치즈의 꼬릿한 맛이 뒤섞여 이루 말할 수 없는 행복함을 느꼈다

반나절을 신나게 해수욕을 즐기고 낮잠과 모래찜질로 보내고 나니 금세 허기가 몰려왔다. 저녁식사로는 아이와 케이코를 데리고 가고 싶은 곳이 있었다. 바로 발렌시아의 타파스 전문점이었다. 대부분의 메뉴는 빵 위에 치즈나 하몽 혹은 구운 야채와 연어 등을 올려 놓은 핀쵸스였는데, 이곳은 특히 빵 위에 올려놓은 재료가 풍성하고 다양했다. 유리 진열대 안의 핀쵸스를 보고 눈이 돌아간 아이와 케이코는 어린아이가 거대한 어항에 매달린 것처럼 샅샅이 들여다보다가 몇 가지 메뉴를 정했다.

그날따라 주변 테이블에 정장을 입은 넥타이 부대 직장인들이 많이 보였다. 아이가 우리도 퇴근 후에 술 한잔하고 있는 기분이 든다고 했지만, 방금 해변에 다녀와서 젖어 있는 물미역 머리, 아무리 떼어내도 여기저기 붙어있는 모래는 누가 봐도 관광객임이 명백했다. 그래도 느끼는 건 각자의 자유니까. 우리는 크게 웃으며 '갬성'만 느끼기로 했다.

그렇게 저녁은 점점 깊어 갔고 근처 바에서 가볍게 술을 한 잔 더 하고 이제 헤어질 시간이 왔다. 다음 날 아침 그들은 이탈리아로 이동할 예정이었다. 우리는 너무나도 당연히 또 만나겠지만 다음은 어딜까 기대가 된다며 돌아가는 날까지 서로 안전하게, 재밌게 보내다 가자고 응원하며 인사를 나눴다. 친구들을 보내고 아직 가까이에 있었지만 혼자 집으로 걸어오는 길은 피곤하기도 했지만, 마음이 또 허전했다. 그리고 그로부터 한 달 반 뒤에는 스페인에서의 반년살이도 끝이 날 예정이었다.

아프리카 데뷔

　어느 주말 오후. 나, 로씨오 그리고 서여사는 발렌시아에서 1시간 거리의 데니아Denia라는 이베리아 반도에서도 지중해 방향으로 뾰족하게 튀어나온 스페인의 한 소도시의 해변에 누워있었다. 그 전주에 간 알떼아처럼 아기자기하고 휴양지스러운 면모는 덜했지만, '코스타 블랑카'라고 불리는 예쁜 이름의 해변과 선착장 그리고 도시 중심부에는 성(城)이 있어 나름 관광지의 자질을 갖춘 곳이었다. 하지만 우리는 데니아에 도착해 관광은커녕 점심을 먹고 해변에 누워 무엇인가를 검색하고 있었다. 해변까지 가서 무슨 검색? 바로 항공권이었다.

　나는 스페인에 오면서 학원을 등록할 때에 2주간 두 번씩 텀을 두고 쉴 수 있도록 해 두었는데 여행을 가기 위해서였다. 스페인어 공부를 마치고 여행을 하는 방법도 있었지만 학생비자를 받아야 했던 나에게 그 방법은 문제가 있었다. 종료된 비자로 여행하다 문제에 휘말리기라도 하면 그 자리에서 쫓겨나 매번 유럽에 올 때마다 그때 무슨 일이 있었는지 설명해야 할 게 자명했다. 나는 그런 리스크는 지고 싶지 않았다. 유럽 국가들은 보통 체류 목적에 해당하는 기간만 타이트하게 주는 경향이 있다. 때문에 학원 등록기간 중간에 충분히 여행할 수 있는 자체 방학을 만들고 스페인어 공부도 내가 원하는 날짜까지 한 이후에 떠날 수 있도록 여유 있게 설정해 두었다.

그렇게 두 번의 자체 방학을 맞이했다. 첫 번째 2주간의 여행은 이탈리아 여행이었고, 두 번째 계획은 독일 여행이었다. 첫 유럽 배낭여행에서 독일에 가보지 못한 아쉬움이 있던 데다 9월에는 나의 여행 버킷리스트 중 하나인 '옥토버페스트'가 열리기 때문이었다.

독일의 어디를 갈지, 무엇을 할지 아무런 계획없이 고민만 하던 와중에, 서여사가 내게 갑자기 마음이 두근거리는 솔깃한 제안을 해왔다.

"언니 모로코에 갈래요?"

모. 로. 코.

살면서 한 번도 가보고 싶다고 생각하지 않았던 나라. 아르간 오일을 이야기할 때 외에는 입에도 올리지 않았던 나라. 그만큼 미지의 곳이었다.

"모로코? 거기에 뭐가 있지?"

"언니 카사블랑카가 모로코에 있는 도시예요."

"그래서? 그게 왜?"

"헉… 언니 〈카사블랑카〉 영화 안 봤어요? 거기에 카사블랑카가 나오는 건 아니지만 저는 그 영화 보고 카사블랑카에 너무 가보고 싶었어요."

"…"

"사하라 사막투어도 갈 수 있어요."

'카사블랑카'에는 마음이 움직이지 않았는데 '사하라 사막'이라는 말을 듣는 순간, 나는 몹시 흔들렸다. 그리고 사람들이 생각하는 세렝게티 초원의 기린과 사자가 있는 아프리카는 아니지만 엄연히 아프리카 대륙에 있는 나라라는 점도 몹시 매력적으로 다가왔다. 그때부터 항공권을 찾느라 나의 손이 바빠졌다. 덩달아 서여사도 이 여행 제안을 성사시키기 위해 모로코에 대해 검색하는 족족 내게 부지런히 떡밥을 투척하기 시작했다. 예쁜 배경사진들 속에 자주 나오는 장소가 모로코의 페스^{Fes}라는 도시라는 둥, 마라케시^{Marrakesh}에 가면 입생로랑이 잠시 운둔생활하며 만든 정원이 있다는 둥. 하지만 내 관심은 오로지 사하라 사막에만 꽂혀 있다. 그리고 그 자리에서 우리는 모로코행을 결정했다.

한여름이나 다름없는 9월의 모로코와 이미 9월이면 꽤나 쌀쌀한 독일과 오스트리아를 가야 했기 때문에 심사숙고하며 짐을 챙길 수밖에 없었다. 기내에 반입이 가능한 사이즈에 10킬로 미만으로 짐을 싸는 게 포인트였다. 고민에 고민을 거듭했다. 서여사는 나에게 머플러를 갖고 있냐고 했다. 이슬람 국가에서 여자들은 사원이나 실내에 들어갈 때 머리를 가리기 위해 머플러를 챙겨 가면 좋다고 알려주었다. '흐응~' 하며 좀체 움직이지 않는 내게 서여사는 사하라 떡밥을 하나 또 투척했다.

"언니, 머플러가 있어야 사하라 사막에서 출발할 때 가이드가 머리에 터번을 만들어준대요."
"머플러 사러 가자."

아프리카 대륙 데뷔를 위한 모든 준비가 끝났다.

천 년의 미로 도시 페스

아직 해도 뜨지 않은 캄캄한 새벽, 마드리드에 가기 위해 집을 나섰다. 이른 아침의 마드리드에는 사람의 활기가 느껴지지 않았고, 가을의 시작을 알리는 낙엽들만 데굴데굴 굴러다녔다. 이대로 모로코, 아프리카에 간다니 믿기지가 않았다. 하지만 스페인에서 모로코까지는 불과 3시간. 어색함과 설렘도 잠시뿐, 우리는 잔뜩 얼어붙은 채로 모로코 페스Fes 공항에 도착했다.

스페인발 비행기를 타고 내린지라 그때까지는 크게 위화감을 느끼지 못했다. 그저 평소보다 머리에 무언가를 두른 사람들이 많은 정도였다. 입국심사까지 마치고 공항을 나서며 택시를 잡았다. 모로코 여행후기들에서 택시를 탈 때는 미리 흥정해야 하며, 선불로 지불하지 말라는 조언이 있었다. 사실 모로코 안에선 택시뿐만이 아니라 가격이 붙은 모든 것에 흥정을 해야 했다.

우리가 탄 택시는 아주 낡은 택시였다. 모로코에 새 차, 아니 새 차까지는 아니더라도 연식이 10년 이하인 택시가 있을까? 최소 30년은 돼 보이는 차에 택시비를 흥정하고 올라탔다. 에어컨은 당연히 없었고 뒷좌석 바닥엔 구멍이 나있었다. 운전석엔 내비게이션 화면 대신 기억 속에도 잊혀진 카세트테이프 꽂는 자리가 있었다. 너무나도 당연한 것처럼 미터기는 작동하지 않았다. 심지어 있었는지조차 기억이 나지 않는다. 있을 필요가 없었다. 모로코에서의 가격은 적혀 있는 게 아니라 부르는 것이니까!

택시기사는 우리를 페스의 어느 시장 한복판에 세워줬다. 근처에는 아치형의 개선문 같은 문이 보였다. 바로 밥부즐루드^{Bab Bou Jeloud}라는 문이었다. '블루게이트'라고도 불리는 그 문은 묘하게 우리가 이슬람 국가에 왔다는 걸 넌지시 알려주고 있는 것 같았다.

일단 차에서 내리기 전에 주변을 둘러보았다. 보이는 건 온통 시장 상인과 좌판들뿐이어서 우리가 가려던 데가 맞는지 물었다. 기사는 고개를 끄덕이며 차가 안까지 들어갈 수 없으니 여기서 내리라고 했다. 탈 때 약속했던 돈을 내밀자 기사는 별안간 돈을 더 달라고 요구했다. 줄 수 없다고 하는 우리와 더 달라고 하는 기사 사이에 실랑이가 붙었다. 기사는 돈을 더 받을 때까지는 움직일 생각이 없다는 듯 요지부동이었고, 우리도 이 이상은 줄 수 없으니 이 돈만 받고 가라는 의미로 돈을 들고 서있었다. 대치 상태가 길어졌다.

나는 살짝 불안했다. 택시가 서있는 곳은 협소한 골목. 누가 봐도 길을 막고 있었다. 이렇게 길목에서 문제를 만들고 있으면 지나가던 모로코 사람들이 합세하지는 않을까, 혹시 같은 국민인 저 기사 편을 들며 돈을 더 내놓으라 하지 않을까 겁이 났다. 하지만 신기하게도 우리 같으면 이미 경적을 울려대고 빨리 차 빼라고 난리가 났을 법한 상황에도 하나같이들 아무 말 않고 기다리고 있었다. 그러는 사이 모로코 경찰복 차림을 한 사람이 나타났다. 그가 무어라 말하자 기사는 마지못해 내가 손에 들고 있던 돈을 낚아채고 사라졌다. 기분이 좋지 않았지만 그래도 도착하자마자 그들의 페이스에 휘말리지 않았다는 것에 안도감이 밀려왔다.

구글맵은 우리를 시장 안으로 안내했다. 골목길로 들어서니, 빽빽한 상점들 사이로 난 좁은 길에 사람들과 자전거와 짐꾼들이 지나다닌다. 우리를 본 사람들의 2/3 정도는 곤니치와(50%), 니하오(30%), 헬로, 하이(20%)의 비율로 인사를 해댔다. 자연스럽게 이곳에 일본인 관광객이 많았음을 짐작할 수 있었다. 재밌는 건 무엇을 사라고 호객행위를 하는 게 아닌 그냥 인사였다. 하지만 상대방이 인사를 하면 같이 고개 숙여 인사해야 한다고 배워온 내게 모르는 이들이라도 수백 명의 사람이 돌아가면서 인사를 건네는 상황은 너무나 피곤한 일이었다. 나중에는 이 인사하는 말소리가 자동차 경적이나 자전거의 따르릉 소리 같은 배경음처럼 들려왔다.

좁은 골목길 사이의 더 좁은 골목길에 들어서자 우리가 에어비앤비로 예약한 숙소가 나왔다. 건물 크기가 제법 커서 여러 개의 방을 두고 호텔처럼 운영하는 곳 같았다. 모로코 가옥은 한가운데 높게 뚫린 천장 밑으로 중정이 있고 그 주위에 방들이 있는 구조인데 이를 '리아드Riad'라고 부른다. 이 리아드를 로비처럼 사용하는 듯했다.

우리가 머물 방을 안내해주기 전에 민트차를 내주는 모로코 사람들. 어딜 가든 차를 먼저 대접해주던 터키 여행이 생각났다. 참 따뜻한 문화가 아닌가. 설렘과 긴장감으로 가득 찼던 마음이 설탕을 듬뿍 넣어 달달한 민트차 한 모금에 사르르 녹는 것 같았다. 줄기째 넣은 민트 잎 덕분에 뜨거운 차를 조심스럽게 마실 수 있는 기능은 덤이었다.

짐을 풀고 잠시 소파에 앉아 어딜 갈지 살펴보고 있었다. 그때 숙소 직원이 나타났다. 그는 스스로를 '아프리카'라고 소개했다. 모로코에서 만난 대부분의 성인남자 이름이 '모하메드'였던 것에 비하면 신선한 이름이었다. 아프리카는 눈을 마주칠 때마다 멀리서부터 달려와서 악수를 하고 손가락을 튕겨 소리를 냈다. 그 덕에 그의 존재는 확실히 기억에 남았지만 그리 좋은 느낌은 아니었다.

우리가 있던 곳은 페스의 메디나Medina. 구시가지이다. 기사가 내려준 곳은 시장이 아니라 메디나 입구의 길목이었다. 시장이라고 착각한 데는 좁은 도로 위에 수많은 상점과 상인들로 즐비한 탓이었다. 페스의 메디나는 중세시대에 적의 침입을 막기 위해 무려 9,600여 개의 골목들이 얼기설기 연결되어 있어서 전세계에서 가장 큰 미로 도시로 알려져 있다. 당연히 우리 같은 이방인이 길을 찾기란 여간 어려운 게 아니었다. 굉장히 협소한 골목골목엔 해가 들지 않는 곳도 많았다. 조금이라도 인파를 벗어나면 길을 잃을까 우리는 곤니치와와 니하오의 혼란 속에서도 꿋꿋이 사람들이 들끓는 길을 지나다녔다.

워낙 길이 복잡하니 중간에 길을 알려주겠다며 가이드를 자처하는 사람들이 나타나기도 한다. 이들을 조심하라는 여행후기를 어디선가 본 우

이런 모습을 기대했는데….

리는 누가 말을 걸어도 대꾸하지 않았지만, 결국 본인을 모하메드라 소개하는 한 남성에게 가죽시장 가는 길을 알려달라고 부탁해야 했다. 다행히 가죽시장까지 데려다준 그는 몇 가지를 우리에게 알려주고 돈을 받지 않고 떠났다. 아마도 여행객을 데려오고 그 여행객이 제품을 구매하면 수수료로 받는 게 아닐까? 라고 혼자 추측을 해보았다.

페스의 가죽시장은 재래식 가죽 염색과 무두질 작업장의 컬러풀한 이미지가 인터넷에 예쁜 사진으로 돌며 유명해진 곳이다. 색색깔의 천연염료를 풀어놓은 염색 작업장은 멀리서 보면 거대한 팔레트처럼 보이기도 한다. 인생 여행 사진을 건질 수 있다며 서여사가 던진 떡밥 중 하나였지만, 예쁜 사진을 남기는 일에는 관심 없던 나는 심드렁하게 반응할 뿐이었다. 그래도 페스까지 온 이상 가죽시장에 가지 않을 수 없었다.

우여곡절 끝에 가죽시장 근처에 다다르자, 가죽 냄새와 함께 알 수 없는 악취가 진동했다. 냄새의 원인은 바로 비둘기 똥이었다. 가죽을 부드럽게 하는 과정에 비둘기 똥을 사용하는데 나름 역사와 전통이 있는 방식이라고 한다.

염색 작업장은 한창 보수 중이라, 인터넷에서 보던 컬러풀한 물감을 풀어놓은 팔레트 대신 허옇고 뿌연 웅덩이들만 몇 개 볼 수 있었다. 그 외는 공사를 위해 나무판자로 막아 놓은 상태였다. 건물 뒤편에는 가죽을 말리고 있었고, 쓰고 남은 가죽 잔해들이 쌓여 있었다. 머리는 없지만 4개의 다리로 보아 동물로 보이는 가죽들이 펼쳐져 있었다. 사진 속 평화롭고 아름다운 이미지와는 다른 현실의 고약함이 냄새와 함께 풍겨져 왔다.

값은 후려쳐야 제맛

　모로코에서 물건을 살 때는 속된 말로 '부르는 가격의 1/4로 후려치라'
는 말이 있다. 무려 75% OFF라는 블랙프라이데이 급 디스카운트가 가능
한 이유가 무엇일까? 터키 이스탄불에서도 비슷한 경험을 한 적이 있었
다. 하지만 '눈탱이' 맞지 않게 흥정은 필수요, '이스탄불에서는 깎아야
제맛'이라던 여행객들의 조언이 모로코에 오니 더 파격적이고 본격적으
로 진화해 있는 걸 발견했다. 심지어 많은 여행후기에 현지 상인과 경매
시장을 방불케 하는 치열한 접점 끝에도 협상이 결렬되어 가게 문을 나서
는 척을 몇 번이나 하고 나서야 원하는 가격에 물건을 샀다는 소비 무용
담도 흔했다. 이런 정보들은 우리를 몹시 긴장하게끔 만들어서 결과적으
로 도움이 되는 정보이긴 했지만, 삐딱한 시선을 갖고 여행에 임하게 됐
다는 점에서 나를 힘들게 한 것 중 하나였다.

　가죽시장을 둘러보고 나오는 메디나의 좁은 골목에서 매일 얼굴을 맞
대고 장사하는 사람들. 천년을 이어왔다는 이곳은 또 다른 천년이 지나도
그대로일 것 같다는 생각이 들었다. 건물이며 사람과 상점이며 모든 것의
밀도가 높았지만, 그중 어느 것 하나라도 빼면 '와르르' 무너질 것만 같
은 아슬아슬함이 공존했다. 서여사와 나는 대화를 거의 나누지 않았다.
말은 안 했지만 서로가 생경한 풍경과 문화에 압도되었다는 걸 느낄 수가

있었다. 새로운 것을 쫓아 눈이 바쁘게 움직이는 사이, 입은 잠시 쉬기로
한 듯 계속해서 메디나를 훑고 다녔다.

특히 평소에도 에스닉한 스타일을 좋아하는 서여사는 쉽게 접하기 힘
든 패턴과 색감의 제품들이 말도 안 되게 저렴한 가격에 판매되고 있는
것에 눈이 돌아가 있었다. 나도 이곳은 진정 '공예의 나라'가 분명하다며
모로코인들의 남다른 손재주에 감탄했다. 기하학적인 패턴과 탁월한 컬
러감의 카펫, 형형색색의 화려한 색감과 날카로운 코를 가진 신발, 라탄
으로 짜인 실내 소품, '퍼프'라 불리는 모로코식 좌식 쿠션 등 이대로 한
국으로 돌아간다면 한 트럭으로 사 들고 가고 싶을 정도로 소비를 부르는
'잇템'들이 메디나를 가득 채우고 있었다.

마음에 드는 물건을 발견한 서여사가 과감하게 가게에 들어가 물건값을 흥정해 보는데, 의외로 점원들은 단호했다. 헉. 흥정이 먹히지 않다니. 일단 후퇴하자며 놀란 눈빛을 교환하고 나오려는 찰나에 가게 직원이 다시 우리를 불러 세웠다. 정말 여행후기에서 본 상황이 현실에서 벌어지고 있었다.

하지만 무언가를 사들일수록 뒷 여행이 힘들어질 수 있다는 것과 몇 가지 든 마음의 불편함으로 모로코에서 그다지 지갑을 열고 싶은 생각이 들지 않았다. 그 불편함은 이랬다.

첫 번째, 원하는 금액의 근거가 없어 힘들었다. 당최 이 나라에 대한 정보가 부족했다. 어떤 걸 집어 들어도 그렇게 비싸지 않은 가격이었는데도 더 싸게 사겠다고 값을 부르려니 그 값이어야 하는 근거가 없었다. 그 근거를 찾으려면 시장조사가 필수였지만, 이마저도 종일 인사를 건네고, 한번 가격을 물어본 손님을 놓지 않으려는 모로코인들의 집념 때문에 쉽지가 않았다.

두 번째, 소비에 따른 만족이 없었다. 아무리 내가 원하는 가격까지 흥정에 성공해도 마음이 시원치 않았다. 더 싸게 살 수도 있다는 생각과 이 시장 안의 어딘가에선 더 싸게 판매할지도 모른다는 생각에 쉽게 만족감이 들지 않았다.

세 번째는 판매하는 사람의 무례함이었다. 물건을 사려면 우선 가게 직원에게 얼마인지 물어보고, 나는 이 가격을 원하니 깎아달라고 요구하고, 그럼 직원은 또 그건 안되고 얼마에는 가능하다며 폭탄 돌리기 같은 가격 흥정을 주거니 받거니 몇 차례를 한다. 마지막까지 원하는 가격에 해

주지 않으면 자연히 가게 밖으로 나오게 되는데 이 과정에서 어떤 상인들은 거의 화를 내다시피, 물건을 내던지다시피 '그럼 네가 요구한 가격에 가져가'라며 딜을 해왔다. 이것이 딜인지, 역정인지 알 수가 없었다. 이렇게까지 하는데 사지 않기도 뭐해서 가격을 지불하고 나오는데 기분이 좋지 않았다.

도대체 이 소비로 인해 행복한 사람은 누구일까. 나는 아무리 저렴하게 사도 끝없이 더 싼 가격이 있을 거라 의심했고, 상인들은 마치 자신의 마진을 훌쩍 넘겨 손해를 보고 판다는 느낌으로 장사를 했다. 그러면서도 한번 가게에 들어온 손님에게는 무엇이든지 팔아야 한다는 게 이 나라의 암묵적인 룰인가 생각이 들 정도로 끈질겼다.

위에서 일어난 일들을 몇 차례 겪고 내린 나의 결론은 '누구도 행복하지 않은 소비를 할 이유가 없다'였다. '값은 후려쳐야 제맛'이란 말이 내게는 통하지 않았다. 그런 말을 처음 꺼낸 사람을 후려치고 싶었다. 나는 지갑의 문을 굳게 잠갔다. 반면에 서여사는 꿋꿋했다. 끊임없이 시장 안을 둘러보고, 가격을 물어보고, 깎아달라고 해보고, 안되면 매몰차게 가게 밖으로 나오고, 그러는 사이에 몇 가지를 구매하고, 다른 가게에서 더 싸게 파는 걸 보고 자책하고, 더 비싸게 파는 걸 보고는 다시 무너진 자존감을 세워 올렸다. 공예의 나라에서 소비의 즐거움을 얻지 못하니 여행 이틀 만에 즐거움이 사라졌다. 우리는 매우 피곤했고 매일 가격 흥정의 스트레스를 받고 있었다.

그 와중에도 즐거움이 하나 있었다. 바로 모로코 음식이 입맛에 잘 맞았다는 것이었다. 다행스럽게 음식값은 흥정하지 않아도 된다는 점도 한 못했다! 역시 사람 입에 들어가는 모든 음식은 숭고하기 때문인가. 하지만 그런 나와 달리 서여사는 3일 정도 지나자 모로코 음식이 지겹다고 토로했다. 그 이유는 확실했다. 메뉴가 한정적인 데다가 죄다 비슷했다. 특히 페스의 메디나는 전세계 어디를 가도 있다는 맥도널드와 중국인 상점조차 찾아볼 수 없을 정도로 외래 문물로부터 문을 굳게 걸어 잠근 것처

럼 보였다. 당연히 우리는 매일 타진Tajine18의 고기 종류만 닭고기, 양고기, 미트볼로 바꿔가며 먹을 수밖에 없었다. 코프타Kofta19나 수프도 있었지만 언제나 메인은 타진 요리였다. 나는 재료를 바꿔가며 먹는 타진 요리가 매일 먹어도 맛있었다. 특히 미트볼 타진은 거의 주식처럼 먹어도 될 정도로 좋았다. 요즘 한국에서 유행하는 에그인헬Egg in Hell의 원조 격인 요리이다!

페스에서의 이튿날은 모로코에 한결 적응했나 싶었지만 아직 갈 길이 먼 것 같았다. 동양인을 향해 쏟아지는 눈빛과 관심, 숱한 인사를 뚫고 우리의 본분인 관광을 강행했지만, 오후에는 숙소의 옥상에서 쉬어가는 시간을 가졌다. 좁은 골목에서 사람들과 부딪히고 다닌 탓이었을까? 혼자만의 공간과 시간이 잠시 필요했다. 서여사와 나는 서로의 곁을 내주지 못한 채 멀리 떨어져서 각자의 시간을 보냈다. 이다음은 어딜 가서 무얼

---

18. 육류에 채소, 향신료를 모로코 전통 토기냄비에 넣어 만든 스튜.
19. 다진 고기와 야채, 향신료를 함께 버무린 걸 둥글게 빚어서 굽는 음식.

하지? 여러 가지 옵션이 있었지만 페스에 하루를 더 있기로 했다. 특별히 미련이 남거나 보지 못한 게 있어서는 아니고 페스 기차역 옆에서 유럽의 체인 비즈니스호텔을 발견했기 때문이었다. 우리는 중세시대의 모습을 간직한 그곳에서 시급히 현대문명이 필요했다.

다음 날 아침 메디나 밖을 나오는 길. 이상하게 들어갈 때와 달리 사람들이 말을 걸지 않는다. 어랏. 이건 또 무슨 상황이지? 우리를 쳐다보고 있는 시선이 느껴졌지만 몇몇이 "바이~"라고 인사하는 게 들릴 뿐, 처음의 강렬한 환대는 어디로 간 건가 싶을 정도로 조용했다. 이틀 사이에 나는 '관종'이 되었던 것인가. 그들의 무관심이 편하면서도 살짝 적응이 되지 않았다.

메디나를 나오자 처음 도착했을 때 우릴 맞아주었던 아치형의 블루게이트가 보였다. 블루게이트를 건너고 나니 마치 꿈이라도 꾼 것처럼 다른 세상으로 넘어온 기분이 들었다. 나도 모르게 슬그머니 뒤를 돌아보던 순간, 신들의 세계에 들어간 치히로가 인간세계로 돌아올 때 힐끗 뒤를 쳐다보던 〈센과 치히로의 행방불명〉의 마지막 장면이 생각났다. 이틀간의 시간이 아득하게만 느껴졌다.

블루게이트는 안쪽은 초록색 타일로, 바깥쪽은 파란색 타일로 꾸며져 있는데 초록색은 이슬람을, 파란색은 페스 혹은 신문물을 상징한다고 한다.

무관심이 필요해

　리아드를 그리고 메디나를 벗어나 페스의 기차역 근처 비즈니스호텔로 이동했다. 하얀 침대 시트와 작은 책상. 창가에는 원형 테이블 하나와 마주보고 있는 의자 2개. 매우 정제되어 있고 익숙한 방안 풍경에 마음이 편안해졌다. 우리는 잠시 마트를 다녀오는 걸 제외하고 근 하루를 호텔에서 보냈다. 발렌시아에서 들고 간 꼬마 신라면을 벌써 까먹는 게 맞는지 한참 고민했지만, 식당이라도 찾으려면 메디나로 다시 들어가야 했다. 호텔 직원에게 뜨거운 물을 부탁해서 야외에서 신라면을 안주 삼아 맥주도 한 캔 마시고 한량 같은 하루를 보냈다.

　'악플보다 무서운 건 무관심'이라는 말을 어느 연예인의 입을 통해 들었던 것 같은데, 나는 정반대로 무관심이 필요했다. 아무도 나에게 말을 걸지 않고, 쳐다보지 않는다는 게 얼마나 소중한지를 실감했다. 갑자기 연예인이라도 된 듯한 이 멘트는 뭔가 싶지만, 의외로 많은 여성 여행객들이 이슬람 국가를 여행하고 돌아오면 토로하는 부분이다.

　무관심을 충전한 뒤, 우리는 다음 날 오전 마라케시로 이동하기 위해 기차역으로 향했다. 블루게이트를 닮은 기차역은 거대한 아치형 정문과 이슬람을 상징한다는 초록색 타일로 꾸며져 있었다. 서여사는 카사블랑카에 가지 못하는 걸 내내 아쉬워했지만 경로상 페스에서 카사블랑카에 들렀다가 마라케시로 가는 건 무척 비효율적이었다. 그때부터 무려 7시간에 걸친 기차 여행이 시작되었다. 3시간쯤 흘러가자 기차 안이 크게 술렁이는 걸 느꼈다. 바로 모로코의 수도 라바트^{Rabat}였다. 그때까지만 해도 우리는 이 기차가 라바트에 도착했다는 게 뭘 의미하는지 모른 채 '와, 라바트도 찍고 가네!'라며 신기해했다. 그리고 1시간이 지난 시점에 기차가 도착한 곳을 보고 경악을 금치 못했다. 바로 그렇게도 서여사가 노래를 불렀던 카사블랑카였다! 카사블랑카라고 적힌 팻말 앞에서 서여사의 눈동자가 심하게 흔들렸다.

"언니. 저 여기서 내릴래요."
"아니야. 서여사, 그러지 마."
"여기서 우리 잠깐 내려서 둘러보고 마라케시로 가요."
"그럼 난 먼저 마라케시로 갈게. 너 혼자 카사블랑카 둘러보고 와."

이런 정이라곤 찾아볼 수 없는 대화를 나누는 사이에 기차가 덜컹거리더니 출발을 준비했다. 서여사는 울기 직전의 얼굴이 되었다. 사실 페스에서 마라케시로 기차로 이동할 때 많은 여행객이 카사블랑카를 경유해 1박을 하거나 최소 몇 시간이라도 머물면서 도시를 둘러보고 간다는데, 제대로 공부하지 않고 온 우리는 그 기회를 그대로 놓쳤다. 물론 난 카사블랑카에 대한 로망이 없었지만, 서여사는 많이 아쉬워했다.

전날 우리는 마라케시의 한 리아드를 예약해 두었다. 리아드의 주인인 알렉스는 '도착하면 '카페 프랑스' 앞에서 그의 어시스턴트인 모하메드

역시나에게 연락하라'고 안내해주었다. 이미 페스의 메디나를 겪은 뒤라 초행길에 섣불리 스스로 길을 찾겠다고 덤볐다가는 엄청나게 고생할 게 뻔했다. 도착 시간을 고려해 '6시 반에 모하메드를 카페 프랑스 앞에 보내달라'고 부탁했고 알렉스에게 '그러마'라고 답장이 왔다.

기차역에서 내려 택시를 타고 카페 프랑스에 가달라고 했는데 도대체 이 카페 프랑스가 무엇인지 궁금했다. 어떤 카페이길래 사람들이 다 아는 거지? 정말 카페이긴 한 걸까? 택시가 데려다준 마라케시의 광장은 야시장처럼 밤인데도 사람들이 들끓었다. 현지인이 저 멀리 손가락으로 가리키는 곳을 눈으로 따라가니 '카페 프랑스'가 있었다! 무려 4층짜리 건물의 거대한 카페였다. 그 앞에 둘이 서있는데 멀찍이서 키가 큰 남자가 나타났다. 동그란 두상이 무척 예뻤던 그가 바로 모하메드였다. 가까이서 보니 눈동자가 초록빛을 띠었다. 페스에서 보고 온 블루게이트가 생각이 났다.

모하메드는 우리를 데리고 리아드로 향했다. 페스의 메디나를 방불케하는 좁은 골목길이 다시 이어졌다. 현지인을 뒤따라가고 있어서 그런지 사람들의 관심이 덜했다. 물론 마라케시에서 동양인 관광객을 더 흔하게 볼 수 있는 점도 한몫했으리라. 골목골목을 헤치고 '정말 이런 곳에 호텔이 있어?'라고 할 무렵에 여기까지는 페스와 동일한 패턴 리아드 정문이 나타났다. 들어가자 화려한 컬러감에 잘 꾸며진 중정이 나타났다. 서여사와 나는 둘 다 입이 벌어져 '와~' 하고 소리 냈다. 모하메드가 옆에서 수줍게 웃으며 말했다.

"웰컴 투 마라케시!"

에어비앤비의 황제 부자(父子)

마라케시는 페스와는 많이 달랐다. 아랍어 외에도 불어를 사용하는 사람들이 많았다. 페스가 조금 더 전통적인 모로코의 리아드를 고수하고 있다면, 마라케시의 리아드 호텔은 유럽인들의 취향에 맞춰 인테리어부터 소품부터 직원들의 서비스까지 바꾸어 놓은 듯했다.

아침에 일어나 중정이든 옥상이든 테이블에 자리 잡고 있으면 화려하게 차려져 나오는 조식에 반할 수밖에 없었다.

내가 호텔이라고 표현하고 있는 이 리아드는 사실 에어비앤비에서 예약한 곳이었다. 개인이 운영하고 있다기에는 시스템이 잘 갖추어져 있고 직원들도 두고 있는 것이 범상치 않았다. 갑자기 우리는 이 에어비앤비의 주인인 '알렉스'라는 사람에 대해 궁금해졌다. 그는 전날까지도 나랑 에어비앤비를 통해 메시지를 주고받았음에도 정작 우리를 데리러 나온 것은 그의 어시스턴트인 모하메드였고, 이 리아드에 온 뒤로도 한 번도 모습을 보이지 않았다. '오지라퍼'인 내가 물었다.

"모하메드, 알렉스는 어디 있어?"

모하메드는 평소에 짓던 표정과 달리 새침한 표정을 지으며 대답했다.
"알렉스는 여기에 살지 않아."
"헐… 여기에 살지 않는다고? 그럼 어디에 있어?"
"그는 인도에 있어."
"뭐?? 그럼 이 리아드는 너에게 맡기고 인도에 간 거야?"
"음… 그렇기도 한데 사실 알렉스의 아빠가 모로코에 계셔. 내일 여기에 오실 거야."

갑자기 서여사가 말했다.
"내일 알렉스의 아빠를 만나게 해 줘, 모하메드!"

서여사는 당시 몇 년간 다니던 회사를 나와 여행 중이었고, 한국에 돌아가면 전에 함께 일했던 동료들과 스리랑카에서 사업을 할 계획이라고 했다. 그리고 에어비앤비도 함께 운영할 계획을 갖고 있었다. 근데 이렇게 타국에서 에어비앤비로 성공 비즈니스 모델을 구축한 알렉스 부자를 보니 벤치마킹하고 싶다고 느꼈는지 거의 인터뷰를 따내겠다는 기자처럼 알렉스의 아빠를 만나게 해달라고 모하메드에게 조르고 있었다. 모하메드는 다음 날 아침 알렉스의 아빠가 도착하면 알려주겠다고 했다.

그날 저녁 나는 알렉스에 대한 뒷조사를 시작했다. 에어비앤비의 프로필과 그가 운영하는 숙소가 어디 있는지, 몇 개 정도 있는지를 찾아보았다. 그는 마라케시에서는 1개의 리아드만 운영하고 있었지만 인도 푸두체리Puducherry에서 2개의 숙소를 운영하고 있었다. 도시의 이름을 듣는 순간 느낌이 왔다. 과거에 프랑스령이었던 나라나 도시에서 집을 계약해 프랑스나 유럽인들의 입맛에 맞게 개조하고, 그들이 원하는 서비스를 제공할 수 있는 불어와 영어가 능통한 현지인 관리인을 두고 운영하는 방식이었다. 알렉스를 비난하고 싶지는 않았지만 자본주의를 이용한 또 다른 형태의 식민화가 아직도 이곳에 이루어지고 있다는 생각을 지울 수가 없었다. 그러면서도 또 한편으로 나는 알렉스의 리아드가 편하고 좋았다. 다시 온다고 해도 페스의 숙소보다는 알렉스의 리아드에 머물고 싶다는 생각이 들었다. 자본주의의 맛인가. 아이러니했다.

다음 날, 알렉스의 아빠가 리아드에 나타났다. 서여사는 갑자기 옷매무새를 단정히 했고, 모하메드의 소개로 우리는 그와 테이블에 앉아 잠시 대화를 나눌 수 있었다. 37도의 기온에도 카라가 달린 셔츠를 입고 나타난 알렉스의 아빠에게 서여사가 자기 명함을 꺼내 전달했다. 나는 드라마라도 한 편 보듯이 눈이 휘둥그레져서 그 광경을 지켜보고만 있었다. 서여사는 진심이었던 것인가. 갑자기 모로코의 리아드에서 펼쳐진 비즈니스 미팅 모드가 너무 현실적이지 않아 약간 콩트처럼 보이기까지 했다.

알렉스의 아빠는 우리에게 왜 자신을 만나고 싶어 했는지 물었고, 서여사는 대기업 임원에게 프리젠테이션 하듯이 공손하면서도 자신감 넘치는 목소리로 본인의 향후 계획에 대해서 이야기했다. 그 진지함에 비해 알렉스 아빠의 조언은 평이하면서도 독특했는데, 스리랑카에서 에어비앤비로 성공하고 싶다면 물가로 가라고 했다. 와이셔츠를 입고 점쟁이가 할 법한 말을 해서 또 적잖이 속으로 놀란 나는 빠르게 서여사를 보았다. 서여사의 두 눈도 살짝 흔들리고 있었다. 그의 주장과 논리는 꽤나 심플했다.

'휴양지에서 사람들은 물이 필요하다. 바다 근처에 숙소를 차려라'. 본인은 정작 물 한 방울도 귀한 사막의 나라에서 리아드를 운영하면서 곧 죽어도 물가에 가서 에어비앤비를 차리라고 하는 그의 발언에 나의 머리에는 물음표가 둥둥 떠다녔고, 그 모습을 들키지 않으려 딴청을 피웠다. 마지막까지 서여사는 그에게 'Sir'라는 호칭을 붙여가며 정중히 대화를 마쳤다.

그녀는 별로 얻은 게 없는 것 같았지만, 나는 재밌는 구경을 했다. 단순히 재밌는 구경을 넘어 그게 누가 되었건 배워야 할 게 있다고 생각되는 사람이 있다면 어떻게든 만나서 조언을 들으려고 하는 서여사의 노력은 분명 멋있었다. 아들인 알렉스를 만났다면 더 도움이 되었을까.

우리는 그날 진정한 디지털 노마드의 한 사례를 목도하며 수만 가지 계획을 생각했다. 그렇게 하루 종일 여기서 우리가 리아드를 차리면 돈이 얼마나 필요할지, '키맨'이기도 한 모하메드를 어떻게 스카우트해야 할지 등 현실성이 매우 떨어지는 고민을 꽤나 진지하게 했다. 모로코에 도착하고 얼마 안 돼 이곳이 너무 힘들다며 현대문명을 찾아 벗어난 지 불과 이틀 만에 벌어진 생각의 변화였다. 점점 모로코가 좋아지고 있었던 것 같다.

사하라로 가는 길

전날 밤 뒤늦게 조인한 로씨오와 함께 우리는 사하라 사막투어를 위해 '제마 엘프나' 광장으로 나갔다. 마라케시에서 모든 일정의 시작과 끝. 그 만큼 여행객들에게는 마라케시 안에서의 존재감이 확실한 곳이었다. 고 요한 새벽의 제마 엘프나 광장을 가로지르며 하얀 밴 한 대가 들어왔다. 우리를 태운 하얀 밴은 중간중간 큰 호텔이나 다른 지역에 들러 사람들을 픽업했다. 모두 사막 여행을 가는 사람들이었다.

30분 뒤, 우리를 어느 골목 앞에 내려주었다. 영문도 모른 채 차에서 내려보니 이미 우리 말고도 많은 사람들이 추위에 떨며 무언가를 기다리 고 있었다. 9월의 모로코는 한낮에는 38도의 뜨거운 햇볕이 작열하지만, 해가 물러난 아침과 저녁은 꽤나 쌀쌀했다. 안 그래도 허름한 골목에 다 들 모자나 스카프를 뒤집어쓰고 픽업 차량을 기다리는 모습이 마치 인력 시장에 나와 있는 사람들 같았다.

곧이어 20여 명의 사람이 3대의 밴에 나뉘었다. 자연스레 투어 팀이 만 들어졌다. 우리가 탄 투어차량에는 가이드 1명, 운전사 1명 다른 나라에 서 온 여행객 5명까지 총 10명의 인원이었다. 2박 3일간의 긴 여행인 만 큼 친해질 법도 했지만 우리는 우리대로 셋이서 온 탓에 다른 사람들과는 이야기할 기회가 없었다. 굳이 찾지 않았다는 게 더 맞을지도. 하지만 의외로 영어를 못하는 운전사 알리^Ali와는 친해져서 돌아왔다.

마라케시에서 사하라로 가는 길은 쉬지 않고 달려갈 경우 12시간 정도 소요된다. 이 투어는 사하라가 메인이었지만, 가는 길목에 몇 군데 장소에 들렀다 가는 방식이었다. 나는 차 안에서 졸다 깨다를 반복했다. 어딘가에 도착해서 내리라는 말이 들리면 졸린 눈으로 차에서 내려 기지개를 한번 켜고 가이드를 쫓아다니는 식의 수동적 여행자 모드로 2박 3일을 보냈다. 딱히 나의 의지로 해볼 수 있는 게 없었다. 어떻게 보면 마음 편한 여행이었다. 엉덩이는 불편했지만.

먼저 우리가 들른 곳은 아이트 벤 하두^Ait Ben Haddou라는 11세기에 지어진 베르베르인들의 오랜 요새였다. 〈글래디에이터〉와 〈왕좌의 게임〉의 촬영지로 꽤 높은 지대에 성채와 마을이 형성되어 있었다. 사막도 아닌데 자갈과 모래밭뿐이라 정말 영화를 찍기 위해 만든 세트장인가 싶기도 했다. 우리는 투어차량에서 내려 아이트 벤 하두 성채를 향해 15~20분 정도 걸어갔다.

지대의 고도차를 이용해 적의 침입을 막아낸 난공불락의 성. 모래와 흙을 쌓아 만든 것 같은 마을과 성이 천년을 버텨냈다는 게 놀랍게만 느껴진다.

베르베르인의 가옥 내부도 볼 수 있었다. 투어 가이드가 그곳에 살고 있는 여성에게 무어라 말하자 여자는 우리를 안으로 들여보내 주었다. 근데 이곳은 민속촌이고, 지금 이 여성은 연기자인가 싶을 정도로 집안에 세간살이가 보이지 않았다. 집과 사람만 덩그러니 있는 느낌. 황토로 만든 내부와 불 피우는 구덩이가 있는 주방 그리고 휑하니 비어 있는 방에는 카펫이 걸려있었다. 처음에는 세간이 없는 것에 놀랐지만, 나중에는 이렇게까지 누군가가 사는 집을 보고 싶었던 건 아니었다는 생각이 들었다. 자신의 집을 보여준 여성에게 미안한 마음이 들기도 했고, 딱히 더 볼 것도 없고 해서 서둘러 그 집을 나왔다.

사하라 투어의 백미는 아틀라스 산맥을 관통하며 만끽하는 아프리카의 대자연이었다. 산을 오르내리며 굽이굽이 이룬 절경이 눈에 들어올 때마다, 뜬금없이 오게 된 여행이지만 모로코에 오길 잘했다는 생각이 들었다. 하지만 아직 사하라까지는 갈 길이 멀었다. 사하라로 가는 동안 반복되는 무한 오르막길과 내리막길 앞에서 '이 길의 끝은 어디인가? 이 사막의 나라에 의외로 계곡과 수풀이 많은데 정말 사막은 나타나는가?'를 생각했다. 하루 종일 좁은 투어차량을 타고 이동하는 길은 엉덩이가 해져 있는 건 아닐까 싶을 정도로 쉽지만은 않았다. 중간중간 '포토스폿'이라고 내리라고 할 때가 그나마 좀 살 것 같았다. 그렇게 차에서 내리고 나면 꼭 상인들이 와서 말을 걸고 물건을 보여줬다. 타이밍 좋게 나타나는 이 상인들은 우리처럼 투어버스라도 하나 대절해 놓고 여행객들을 쫓아다니는 걸까? 어딜 가든 비슷한 옷차림에 비슷한 터번에 비슷한 물건을 판매하는 사람들이 기다렸다는 듯이 나타났다.

어느덧 해가 뉘엿뉘엿 질 무렵, 도로에 퇴근하는 양떼와 지팡이 든 목자의 모습이 보였다. 살면서 본 적 없는 생경한 풍경.

우리가 창문에 달라붙어 양떼 사진을 찍자 그 모습을 본 알리가 씩 웃더니 양떼들이 나타날 때마다 굳이 차를 천천히 운전해주며 맘껏 사진을 찍게 해주었다.

몇 번의 양떼를 만나고 이제 숙소에 다 왔겠지 싶을 때쯤, 알리의 차가 다시 산의 오르막길을 오르기 시작했다. 와. 오늘 내로 어딘가에 도착하긴 하는 걸까? 알리가 데려간 곳은 절벽 위였는데 노을빛의 아틀라스 산맥 절경을 볼 수 있는 곳이었다. 절벽 위 구경을 마치자 이제 진짜 숙소로 이동하는 것 같았다. 우리 앞에 나타난 숙소는 베르베르 전통 가옥이랑 비슷하게 생겼지만 페인트칠을 해 두어 일반 가옥보다는 팬시한 느낌이었다. 내부는 천장이 매우 낮고 어두운 데다가, 둥근 아치형 나무문과 복도에 조각조각 깔린 카펫, 벽마다 새겨진 베르베르 민족의 문양들이 어우러져서 내가 지금 호텔에 온 건지 베르베르 가옥 체험에 온 것인지 헷갈릴 지경이었다.

셋이 머물 방안을 들어가니 싱글보다 살짝 작은 침대 3개가 나란히 놓여있어 그 귀여운 모습에 웃음이 나왔다. 침대 위에는 꽃무늬 침구와 밤사이 추위에 대비한 담요 대용의 카펫(?)이 깔려 있었다. 그러고 보니 모로코에 온 뒤로 유명 체인 비즈니스호텔을 제외하고는 새하얀 침대 시트를 본 적이 없다. 염색문화가 발달해서인지, 아무리 깨끗하게 빨아도 사막의 모래먼지에 하얀색을 유지할 수 없었던 환경 탓인지 모든 침구류는 색감이나 패턴이 들어간 것들이었다. 새벽엔 밤이 어찌나 춥던지. 다행히 이불 위를 덮고 있는 카펫 덕분에 추위를 면할 수 있었다.

둘째 날에는 탕헤르라는 카펫 마을의 한 전통 가옥에 들러 마을 여인네들이 카펫을 만드는 걸 구경했다. 아무도 카펫을 사지 않았다. 사막 가는 길에 카펫을 지고 가고 싶은 사람이 있을 리 없었다. 이 시골 마을에서 국제 배송을 해준다는 것도 그다지 믿음직스럽지 않았고, 물건이 오지 않아도 이곳까지 찾아와서 클레임을 걸 사람이 있을까? 전략적이지 못한 투어 경로에 안타까운 마음이 들었다.

카펫 마을을 떠난 지 몇 시간 뒤 다시 차가 멈췄다. 거대한 붉은 바위산이 우뚝 서있는 토드라 협곡Todra Gorge이었다. 북아프리카의 그랜드 캐니언이라고도 불리는 이곳 붉은 바위는 무려 160미터 높이에 달한다. 주차장에서 협곡 근처까지 걸어가는 길에 기념품을 깔아 놓은 장사꾼들이 진을 치고 있었다. 사막에 가까워질수록 자라ZARA에서 사 온 스카프가 이곳에 적합하지 않다는 느낌이 들었다. 모로코의 스카프는 더 길고, 시원한 재질 같았다. 가격이 싸니 하나 살까? 하는 유혹을 느꼈지만, 사막투어 이후 어디에서 사용할지 생각해보니 다시 자라의 스카프가 마음에 들었다.

투어차량이 사막에 가기 위한 마지막 관문이자 사막 초입부인 메르쥬가Merzouga라는 마을에 도착했다. 그리고 우리를 한 식료품점 앞에서 내려 주었다. 이제 본격적으로 사막에 들어가기 전 마지막 쇼핑을 즐길 수 있는 곳이라고 했다. 쇼핑? 사막에 가기 전에 웬 쇼핑? 사막은 정말 모래 말고는 아무것도 없는 곳이다. 일단 물이 필요했다. 마실 물도 필요하지만 양치하고 세수하거나 손 씻을 물도 필요했다. 현대인들의 필수품인 휴지나 각자 필요한 물건들을 미리 준비해야 했고, 미처 준비하지 못한 이들을 위한 마지막 문명의 혜택을 누릴 수 있는 기회였다. 말이 식료품점이지 한국의 구멍가게보다도 작고 낡고 구비하고 있는 물건 가짓수조차 몇 가지 없는 이곳에서 살 수 있는 건 사실상 물밖에 없었다. 우리는 이미 발렌시아에서 사막에 갈 것을 대비해 준비해 왔기 때문에 다른 것은 더 살 게 없었다. 그래도 마지막 쇼핑의 기회라고 하니, 괜히 마음이 쫄려서 가게 안을 한 번 더 둘러보다가 생수 몇 통을 구매했다.

얼마쯤 후 '이제 진짜 사막에 도착했구나'를 알리는 건 가이드의 설명이 아닌 자동차의 바퀴였다. 잘 닦여진 도로를 벗어나 오프로드에 들어서자, 자동차 바퀴가 '우두두두두두두두' 하고 요란한 소리를 냈다. 그에 맞추어 진정한 엉덩이 찜질이 시작되었다. 갑자기 안 하던 멀미가 나는 것 같았다. 그리고 오프로드에 진입한 순간 모두가 함성을 지르며 '와! 이제 사막이다!'라고 감격한 것에 비해 모래를 직접 밟기까지는 약 30여 분을 더 차를 타고 가는 바람에 그 30분이 마라케시에서 이곳까지 오는 이틀보다도 더 길게 느껴지기까지 했다.

드디어 어느 순간 눈앞에 펼쳐진 모래만이 가득한 세상.
우리는 정말 사하라에 도착했다.

사막은 계속 같은 모습을 하고 있지 않는다

사막에 도착하자 베르베르인들과 낙타떼가 우리를 기다리고 있었다. 차에서 내려 낙타가 있는 곳까지 걸어가는데 생각처럼 다리가 움직여지지 않는다. 다행히 날이 흐리고 바람도 불고 있었다. 날이 좋았다면 사진이 더 예쁘게 나와서 좋았겠지만, 낙타를 타고 베르베르인의 텐트까지 가는 길이 고역일 거란 생각이 들었다.

낙타에 오르기 전, 기다리고 기다리던 순간이 찾아왔다. 가이드가 내게 가지고 온 스카프가 있냐고 물었다. 암요, 암요. 물론이죠. 나는 잽싸게 스카프를 꺼내 들었다. 그는 모로코산이 아닌 스페인 자라에서 사 온 하얀 스카프를 보자 길이가 짧다며 마음에 안 들어 하더니 내 머리 위로 손을 몇 번 휘적휘적했다. 그러자 머리 위에 새 둥지 같은 터번이 생겼다. 내 기대와 달리 거울을 보자 탈레반이 생각났다. 그냥 히잡처럼 뒤집어쓸 걸 그랬나? 이왕 이렇게 된 거 새 둥지를 머리에 인 채 낙타를 타 보기로 했다.

사막에서 우리의 발이 되어준 낙타. 한편으론 사람들에게 이용당하는 낙타를 보며 역시 착하고 온순하게만 살면 안 되겠다는 다짐을 했다.

수십 마리의 낙타가 무릎을 꿇고 일렬로 나란히 앉아있었다. 서로 터번을 한 모습을 보며 탈레반이라며 웃고 떠드는 사이에 준비를 끝낸 베르베르인들이 한 명씩 낙타에 태우기 시작하는데, 이게 시간이 한참 걸린다. 앉아있는 낙타 위에 오르면 낙타가 무릎을 펴고 일어났다. 앞다리의 무릎을 먼저 편 다음 뒷다리의 무릎을 펴느라 뒤로 떨어질 것처럼 몸이 한번 휘청거렸다. 이 과정을 수십 명이 한 번씩 겪고, 낙타의 정렬을 다시 맞추고 나서야 우리는 사막 안으로 출발할 수 있었다.

낙타의 등은 정말 높아 멀리까지 보였다. 베르베르인들은 앞에서 인솔하는 사람, 중간에서 사람들을 챙기는 사람 그리고 뒤따라오는 사람으로 조를 나누어서 움직였는데 놀라운 것은 그들 모두 걸어서 사막을 이동했다. 이 모든 과정이 물 흐르듯 자연스러워 보이는 게 신기하기만 했다.

그런데 갑자기 앞에서 무언가 툭 하고 떨어졌다. 낙타 위에서 사람이 떨어진 것이다. 잠깐 딴 데 정신을 팔다가 도대체 무엇에? 중심을 잃고 떨어졌다고 했다. 베르베르인이 뛰어가서 사람을 일으켜 세우고 다시 낙타에 태웠다. 모든 일은 또 별일 아니라는 듯이 수습되었다. 부드러운 모래다 보니 떨어진 사람도 다친 곳이 없었다. 이를테면 엄청난 두께감의 라텍스 매트리스 위에 사람이 떨어진 것과 같은 상황이랄까?

낙타 행렬의 이동이 재개되었다. 30분 넘게 이동하자 저 멀리 베르베르인들의 텐트가 보였다. 그날 우리의 '사막호텔'이었다. 올라탈 때와 동일한 방법으로 앞으로 한번 고꾸라질 것 같은 휘청임을 거쳐 낙타에서 내렸다. 우리를 싣고 오느라 수고한 낙타들도 텐트촌 근처에서 무릎을 꿇은 채로 하루를 쉬어 갔다.

텐트촌에 도착하자 이미 저녁에 가까운 시간이었다. 왜 사하라 사막투어인데 여러 군데 들러서 사막에 늦게 도착하는 거냐며 불평불만을 쏟아냈는데 막상 와보니 납득이 됐다. 한낮에 도착했어도 사막의 더위와 내리쬐는 햇볕으로 할 수 있는 게 없었을 터였다.

그나마 밤이 가까워져 오자 선선해진 사구에서 우리는 샌드보드를 타고 시간을 보냈다. 이것도 내려오는 건 쉽지만, 모래언덕의 경사를 오르는 게 보통 체력을 요구하는 게 아니라 두 번밖에 타지 못했다. 나중엔 잠시 보드를 멈춰 세우고 텐트촌을 바라보며 앉아 서여사, 로씨오와 수다를 떨었다. 우리가 정말 사하라에 오다니 믿기지 않는다는 이야기가 대부분이었다.

샌드보드를 즐기고 텐트촌으로 돌아가서 텐트를 배정받았다. 4인 1 텐트를 사용하는 게 룰인 것 같았다. 근데 베르베르인들도 참 웃긴 게, 인종이나 국가별로 그룹을 만들기 시작했다. 우리는 혼자서 여행 중인 일본인 아저씨와 한 그룹이 되었다. 그는 일본의 가수라고 했다. 사막까지 입고 온 딱 달라붙는 바지와 수년간은 손대지 않은 듯한 긴 머리가 그의 스피릿을 대신해서 알려주는 듯했다. 일본에서 온 '자유로운 영혼'께서는 본인은 텐트 밖에서 잘 테니 편하게 텐트를 이용하라고 했다. 나도 텐트 안에서 잘 생각은 들지가 않았다. 언제부터 그곳에 있었는지 모를 텐트 안이 사막보다 더 무섭게 느껴졌다.

텐트촌 뒤편에서는 연기가 흘러나오고 있었고 익숙한 냄새가 나기 시작했다. 이 많은 사람의 저녁식사를 준비하는 것 같았다. 그러는 사이에 사막의 밤이 찾아왔다. 가까이 있지 않으면 누가 누구인지 분간이 되지 않는 어둠이었다. 사람들은 다들 몹시 허기져 있었다. 그도 그럴 게 점심을 1시쯤에 먹고 8시까지 아무것도 먹지 못했기 때문이었다. 거기다가 샌드보드를 타고 놀고 있으라고 하다니. 샌드보드는 급격히 당을 떨어트려 나를 '탄낭괴탄수화물이 낳은 괴물'로 만들어 신경이 예민해지게끔 했다. 손도 조금씩 떨리는 것 같았다.

한참을 기다리고 나서야 음식이 나왔다. 거대한 타진 몇 개를 어제보다 더 많은 사람이 모여서 하나씩 나눠먹어야 했다. 불빛이 없어서 사실 그 안에 뭐가 들어있는지 잘 보이지 않았다. 시장이 반찬이라고 어둠 속에서 더듬거리며 먹는 음식이 맛있게 느껴질 수도 있다는 게 신기하기만 했다.

저녁을 다 먹고 정리하고 나면 최소한의 조명만 켜놓고 나머지 불은 다 꺼놓는다. 별을 잘 볼 수 있게 하기 위해서였다. 그때부터 모두 각자의 시간을 가질 수 있었다. 몇몇 베르베르인이 원하는 사람들에 한해 야간 사구산책을 나간다며 인원을 모아서 바로 앞장섰다. 우리는 갈까 말까 고민하다가 사막까지 왔는데 아쉽다며 그들의 뒤를 따랐다.

밤에 사구를 오르는 건 보통 힘든 일이 아니었다. 그리 높아 보이지 않은 언덕인데도 웬만한 산행보다 고행길이었다. 조금씩 뒤처지다가 나와 서여사는 무리에서 떨어지게 되었다. 사막의 모래언덕 한가운데 둘만 있는 상황. 앞으로도 뒤로도 사람이라곤 보이지 않았다. 사구 꼭대기에 불빛이 보였고 저 멀리는 텐트촌이 보였다. 다행히 보이는 곳에 불빛이 있었지만 덜컥 겁이 났다. 저 불빛을 놓치게 된다면? 그때는 정말 모래 말고는 아무것도 없는 사막에서 길을 잃는 것이었다.

우리는 사구를 더 오를 체력이 바닥나서 지쳐 있었다. 그렇다고 텐트촌으로 다시 돌아가자니 괜히 길을 나섰다가 엉뚱한 곳으로 향할까 봐 겁이 났다. '사막은 계속 같은 모습을 하고 있지 않는다'고 하지 않던가. 길을 잃고 지표를 놓치게 되면 그땐 정말 끝이라는 생각이 들었다. 불빛을 향해 따라가면 되지 않겠냐고 하겠지만 그곳은 사막이었다. 따라갈 길도 없고, 내가 지금 서있는 곳은 시시각각 고지대에서 저지대로, 저지대에서 고지대로 바뀌었다. 우리는 섣불리 움직이는 대신, 먼저 올라간 사람들과 하산길에 만나기를 기다리기로 했다. 하지만 그들은 나타나지 않았다.

그때 저 멀리서 불빛 2개가 나타났다. 사람일까? 동물일까? 동물이라면 저 정도 높이에 눈동자가 있다는 건 엄청 큰 동물일 텐데 어떡하지? 우리는 그 불빛을 향해 말을 걸어야 할지 말아야 할지조차 고민이 되어 서로를 꽉 붙잡고 있었다. 불빛이 점점 가까워져 왔다. 자세히 들여다보니 우리와 같은 투어에 있던 중국인 여행객 둘이었다. 베르베르인 없이 스스로 여기까지 찾아온 것이었다. 나와 서여사는 대륙의 여자들은 겁도 없다며 혀를 내둘렀다.

그녀들의 안내를 받아(?) 사구 밑으로 내려가자, 우리와 함께 출발했던 일행들을 만날 수 있었다. 그 안에는 로씨오도 있었다. 로씨오는 올라가는 길에 너무 지쳐서 멈추려고 했지만 혼자 낙오될까 계속 베르베르인을 쫓아 정상까지 갔다가 내려올 때는 샌드보드를 타고 하산했다고 했다. 그 말인즉슨, 서여사와 내가 사구 중간에서 하산하는 일행을 계속 기다렸다면 조난당했을 거라는 뜻이었다. 날이 그렇게 춥지 않은데도 순간적으로 몸에 한기가 돌았다.

사막 여행의 끝에 남는 것은 (feat.수분 보충)

기대하지 않았지만 사막에도 화장실이 있었다. 모래 구덩이를 파놓은 거 아니냐고? 외국인 여행객이 많아서인지 양변기 형태의 화장실이 분명히 있었다. 문제는 배수관이 없다는 것. 변기 아래 양동이에 배설물이 차곡차곡 쌓이는 요강과 양변기를 결합한 화장실이었다. 일견 수세식으로 보여서 등장했던 희망이 양동이를 보자 무참히 사라졌다.

하루 종일 액체 음용을 극도로 자제했던 터라 다행히 사막에서 화장실을 사용하는 일은 한 번 정도 있었다. 그마저도 엄청난 내적 갈등을 해야 했다. 반 수세식 화장실을 이용하는 것과 모래 위 노상 방뇨 중 어떤 것이 문명에 더 가까운지 도저히 판단이 서질 않았다. 그래도 화장실이라고 만든 곳이 낫겠지, 라고 생각하며 내가 할 수 있는 한 온 힘을 다리에 몰아주고 투명의자에 앉아서 볼일을 보았다. 서여사는 모래 위에 노상 방뇨를 하겠다며 화장실 근처 인적이 뜸하고 몸을 가릴 수 있는 곳을 찾아 들어갔다. 각자 볼일을 본 우리는 서로에게 아무 말도 건네지 않은 채 다시 텐트촌으로 돌아왔다.

잘 시간이 되자 베르베르인들이 1인용 매트리스를 나눠주었다. 우리도 하나씩 받아서 사구 위에 자리를 잡고 누웠다. 하늘에서 별이 쏟아졌다.

은하수가 흐르며 보랏빛을 발하기도 했고, 별똥별은 어딘가로 빠르게 사라지기도 했다. 텔레비전도 넷플릭스도 없던 시절, 사막에 사는 베르베르인들은 매일 밤 이렇게 별을 바라보며 날씨를 예측하고, 신들의 이야기를 하며, 당시에는 알 수 없는 것들을 상상했으려나?

텐트촌에는 사람들을 위해 모닥불을 피워 뒀지만, 불에 집중하는 사람은 아무도 없었다. 사막에는 '불멍' 대신 시간 가는 줄 모르는 '별멍'이 존재했기에! 다들 하늘 위에 흐르는 자기만의 대서사시를 읽고 있었다. 밤새 하염없이 바라보고 있어도 질리지 않을 것 같았다. 시간은 이제 자정을 넘어 새벽으로 향하고 있었다.

나는 너무 아쉬워서 결국 모래 위 노숙을 감행했다. 로씨오와 서여사는 매트리스를 들고 지정받은 텐트 안으로 들어갔다. 나는 날씨만 허락한다면 노숙할 생각을 갖고 있었기에 적당히 발수가 되는 얇은 바람막이를 챙겨 갔었다. 플리스를 주섬주섬 입고 후드를 뒤집어쓴 뒤, 그 위에 바람막이를 입고 매트리스에 누웠다. 이 정도면 새벽이슬에도 크게 방해받지 않을 것 같았다. 텐트촌 주변에는 나처럼 매트리스를 들고나와 모래 위에서 자려는 사람들이 꽤 많아 깊은 새벽까지 주변의 말소리가 끊이지 않았다.

늦게까지 별을 바라보던 나도 결국 잠이 들었다. 그런데 새벽에 갑자기 하늘에서 물이 떨어지기 시작했다. 설마 사막에 비라도 오는 것인가?! 그랬다. 비였다! 사막에서까지 비를 만나다니 나는 비를 부르는 사람인가. 그걸 티 냈다면 사하라의 유목민들에게 붙잡혀 한국에 돌아오지 못했을지도 모르겠다.

지금이라도 텐트 안으로 들어갈까 고민했지만 비는 머지않아 그쳤다.

사막 여행후기에는 새벽에 누가 툭툭 쳐서 일어나 보면 눈앞에 사막여우가 있다거나, 자신이 누웠던 주변에 사막여우가 남기고 간 발자국이 찍혀 있어 몹시 귀여웠다는 이야기가 있었다. 나도 조금은 기대했지만 사막여우는 나타나지 않았다. 그 아이들은 도대체 이 사막 어디에 살고 있는 것일까. 사실 사막에서 1박을 하고 일어난 다음 날 아침은 모든 것이 기대와 달랐다. 사막여우가 깨워주는 아침을 맞이하는 일도, 낙타 위에 올라 사막에서의 찬란한 일출을 감상하는 일도, 떠나는 아쉬움 속에 부드러운 모래를 느끼며 돌아오는 일도 모두 내 상상 속에서만 일어났다.

아침이 되자 주변에서 짐을 챙기는 소리가 들려서 눈을 뜨니 베르베르인들이 다시 떠날 채비를 하고 있었다. 나도 그제서야 일어나 서둘러 텐트 안의 서여사와 로씨오를 깨웠다. 둘은 거의 정신을 못 차리고 있었다. 슬슬 한두 명씩 낙타를 타기 시작했고 나도 마음이 급해져 서여사와 로씨오를 재촉했다. 결국 우리는 맨 나중 출발하는 낙타 대열에 합류했고, 마지막 낙타의 무릎이 펴지며 사막과의 이별 시간이 왔다.

신기한 건 낙타도 두 번째 타서 그런지 둘째 날에는 처음의 불편함이 많이 사라졌었다. 안타까운 건 날씨와 체력 상태였다. 새벽에 비까지 뿌렸으니 이루 말할 수 없이 흐린 날이었다. 일출은커녕 지금이 아침인지 저녁인지도 헷갈릴 지경이었다. 심지어 전날 늦게 잠든 데다 근 이틀간 차에서 보냈던 피로가 몰려왔다. 사막과의 이별이 아쉽다기보다 빨리 마라케시의 리아드 침대에 눕고 싶었다.

그렇게 30분 정도 사막을 건너와 다시 차가 있는 곳으로 도착했다. 그리고 다시 알리를 만났다. 알리는 밤새 어디 있었던 걸까. 차가 있으니 어디라도 가서 하룻밤 자고 올 수 있었을 것이었다. 영어를 잘 못하는 알리와 깊은 대화를 나누기는 힘들어 그렇게 스스로 결론을 냈다. 이제 다시 투어차량에 올라 마라케시까지 달려갈 일만 남았다. 처음 사막에 도착했다고 좋아했던 오프로드의 길을 벗어나 어느 순간 자동차 바퀴가 소리 없이 안정적으로 달리기 시작했다. 이제 정말 사하라에서 멀어졌다는 걸 알 수 있었다.

무려 13시간 장거리를 내달려 이제는 서울의 광화문처럼 익숙한 마라케시의 제마 엘프나 광장에 도착했다. 이미 컴컴한 밤이었다. 고생한 알리에게 십시일반 돈을 모아 성의 표시를 하고 싶다는 서여사의 말에 주위를 둘러보니, 처음 함께 출발했던 사람들은 거의 없고 나중에 합승한 사람들에게는 물어보기가 애매한 상황이었다. 그래서 우리 셋만이라도 얼마씩 모아서 알리에게 건넸다. 3일 동안 잘 보살펴 줘서 감사하다는 인사와 함께. 알리는 극구 그 돈을 받지 않겠다고 사양했다. 더 달라고 했으면 했지, 모로코에서 주는 돈도 받지 않겠다고 하는 사람은 처음이었다. 쥐여주는 돈을 돌려주기를 몇 차례 반복한 끝에 겨우 받아 든 알리. 서여사와 알리의 옥신각신 돈봉투 돌리기를 로씨오와 나는 흐뭇하게 바라보고 있었다.

3일 만에 본 모하메드가 반갑게 맞아주었다. 모하메드는 우리가 사막 여행을 떠난 사이 짐을 맡아 주고 돌아오는 날 다시 머물 방을 정리해 두었다. 사막에 다녀온 것이 꿈만 같았는데 꿈이 아니었던 것이 확실한 게 샤워를 하고 나왔는데도 몸에서 계속 모래가 나왔다. 귀를 면봉으로 닦으면 귓속에서 모래가 나왔고, 다 털어냈다고 생각했던 짐에서도 뭐라도 하나 꺼낼라치면 모래가 떨어졌다. 결정적으로 사막 여행에 신고 갔던 스니

커즈에서는 말도 못 할 정도로 많은 양의 모래가 나와서 비닐에 따로 모아서 버려야 할 지경이었다.

　서여사의 도움으로 흥정의 흥정 끝에 저렴하게 산 장미 오일을 몸에 바르고, 머리에는 아르간 오일을 발라 보았다. 짧은 사막 체류였음에도 불구하고 오일이 살에 닿자마자 사라졌다. 또 한 번 '문명이란 이렇게 좋은 것이구나….' 감탄했다. 로씨오와 서여사도 얼굴에 마스크 팩을 붙이고 누워있었다. 사막과 밤하늘의 경이로움은 온데간데없고 화수분처럼 나오는 숨은 모래 제거와 수분 보충에 전력을 다하며 사하라 사막투어는 그렇게 끝이 났다.

　다음 날, 우리는 신시가지에서 쇼핑을 마치고 공항으로 떠나야 했다. 모하메드에게 공항으로 가는 밴을 요청했다. 불안한 마음을 안고 모로코에 온 첫날 바닥이 뚫린 택시를 타고 티격태격 가격을 가지고 실랑이 하던 때가 무색하게 돌아갈 때는 해외 브랜드의 고급 밴을 타고 공항으로 간다고 생각하니, 마치 내가 이곳에서 성공해서 금의환향하는 것 같은 기분이 들었다.

　모로코에서는 모하메드와의 작별이 가장 아쉬웠다. 이곳에 있는 동안 우리를 돈벌이 수단이 아닌 존재로 보아준 몇 안 되는 사람으로 느껴졌다. 이제 좀 적응해서 더 있을 수 있을 것 같은데 모로코를 떠나려니 아쉬운 마음마저 들었다. 하지만 이대로 눌러앉을 수는 없었다. 나에게는 새로운 여정이 기다리고 있었다. 살면서 언젠가 한 번은 가보고 싶었던 버킷리스트 중 하나가!

피곤함의 끝판왕 공항 노숙

늦은 저녁 마드리드 바라하스^{Barajas} 공항에 도착했다. 다음 목적지인 오스트리아행 비행기로 갈아타야 하는데 애매하게도 이른 새벽 비행기였다. 근처 호텔로 가더라도 서너 시간밖에 쉴 수 없는 상황. 돈도 아끼고 싶었지만 이렇게 피곤한데 침대에 몸을 맡기는 게 좋은 생각인지 몹시도 의문이 들었다. 결국 나는 침대 매트리스 대신 공항에서의 노숙을 택했다.

로씨오와 서여사는 톨레도를 보고 발렌시아로 가겠다고 했다. 우리는 공항에서 인사를 나눴다. 내가 오스트리아와 독일에 다녀오는 며칠 사이에 서여사는 2개월간의 발렌시아 생활을 정리하고 한국으로 돌아갈 예정이었다. 생경한 나라 모로코에서 함께 적응하며 둘과 정말 많이 친해져 있었다. 한국에서 보기로 하고 아쉬운 작별인사를 했다.

로씨오와 서여사를 보내고 마드리드 공항 대기의자에 덩그러니 앉아 있었다. 비행기 수속 시간을 고려했을 때 공항 밖에서 밤을 보내는 건 위험할 수도 있다는 생각이 들어 일단 환승장에서 시간을 보내기로 했다.

한밤중의 공항은 새로운 세계였다.

일단 나처럼 비행기를 환승하는 타이밍이 맞지 않아 애매하게 발이 묶인 사람들이 많았다. 특히 배낭여행을 다니는 사람일수록 여행경비를 아끼고자 공항 노숙을 많이 택하는 것 같았다. 다들 커다란 배낭 하나를 의자 옆에 두고 깊은 잠에 빠져 있었다. 나도 팔걸이가 없는 좌석으로 가서 내 공간을 슬며시 만들었다. 너무나도 불편했다. 어떻게 저렇게들 잘 자는 거야, 싶었다. 마라케시에서 서여사에게 빌린 책을 펼쳤다. 감성 물씬한 여행 에세이였다. 새벽의 공항에서 그 책을 읽고 있으니 감성이 폭발하려고 했다. 잠시 그 감성을 눌러보려고 자판기에 가서 감자칩을 하나 사 왔다. 너무 작아서 손가락을 몇 번 안 움직였는데 봉지 안이 동이 났다.

여기저기 돌아다니며 공항 산책을 하기도 하고, 나처럼 돌아다니는 사람과 여러 번 마주치기를 반복했다. 짧은 듯 긴 6시간이 훌쩍 지나갔다. 그 사이에 잠을 거의 못 잔 나는 급속도로 피곤해졌지만, 밖으로 나가 브라티슬라바Bratislava로 향하는 티켓 체크인을 마치고 다시 환승장으로 돌아왔다.

이름도 생소한 '브라티슬라바'는 슬로바키아의 수도이다. 슬로바키아는 오스트리아, 헝가리와 국경을 맞대고 있다. 어쩐지 마드리드에서 오스트리아 빈으로 가는 항공편을 검색하는데 계속 브라티슬라바가 나오는 것이다. 오류가 난 건가 싶어서 몇 번이고 다시 검색을 하는 중에 서여사가 "언니, 오스트리아 빈으로 가려면 브라티슬라바라는 곳을 거쳐가면 빠르게 갈 수 있어요!"라고 말해줘서 그제야 이해했던 기억이 있다. 역시 여행을 많이 다니는 사람은 남달랐다.

브라티슬라바로 향하는 비행기 안에서는 식음을 전폐하고 잠이 들었다. 사실 비행기를 탄 이후로 처음으로 귀가 아팠다. 모로코 여행 이후 피곤함과 알 수 없는 스트레스, 급격한 기온차로 몸이 만신창이가 되어가고 있다는 신호 중 하나였다. 1초라도 더 자야 이 피곤함과 고통이 사라질 것 같았다. 비행기가 도착하자 조금 아쉬운 마음마저 들었다. 마치 심한 비나 눈이 와서 출근길 버스가 강남대로에 발이 묶여 나아가지도 물러서지도 못하고 있을 때 '에휴 잘 됐다. 더 자야지' 하는 마음이 생기는 것처럼, 내 의지가 아닌 어떤 이유로 몇 시간 정도 비행기에서 내리지 못했으면 좋겠다는 생각이 들 정도였다. 하지만 그 흔한 지연이나 연착도 없이 슬로바키아에 도착한 나는 승무원들의 밝은 목소리와 함께 비행기 밖으로 내쳐졌다.

브라티슬라바의 공항에서 크로아상에 커피를 마시며 잠을 쫓았다. 탄수화물과 당이 들어가니 좀 나아진 것 같았다. 공항에서 출발하는 버스를 타면 1시간이 채 걸리지 않아 빈에 도착한다. 한국의 고속버스 같은 좌석을 뒤로 젖히니 잠이 솔솔 쏟아졌다. 슬로바키아란 나라의 풍경을 버스에서나마 볼 수 있는 기회였는데 그럴 새도 없이 눈을 뜨니 오스트리아에 도착해 있었다. 하나의 유럽이란 말이 왜 생겼는지 알 것도 같았다. 이렇게 가깝고 쉽게 오가는데 국경이 무슨 의미인가 싶었다.

드디어 빈Wein에 도착했다. 모로코 마라케시에서 이곳까지 오는 데 무려 12시간이 넘게 걸렸다. 오스트리아의 물가도 만만치 않았기에 나는 또 한 번 도미토리의 신세를 졌다. 간단히 짐 정리를 하고 너무나도 깊은 유혹에 빠졌다. 이대로 좀 쉴까. 아니면 여행을 하고 일찍 돌아와서 쉴까. 나는 결국 그대로 나가는 것을 선택했다. 오스트리아에서 보내는 시간이 단 이틀이었기 때문이다.

오스트리아 빈의 미술관으로 향했다. 궁전을 개조해서 만든 이곳에는 합스부르크 왕가가 소유했던 수많은 작품들이 전시되어 있었다. 대부분의 사람들은 구스타프 클림트와 에곤 쉴레의 작품을 보기 위해 오는 것

오스트리아 미술관으로 사용되고 있는
벨베데레(Belvedere) 궁전

같았다. 나 역시 두 화가의 작품을 기대하며 호기롭게 미술관 관람을 시
작했지만 빡빡한 일정으로 컨디션이 좋지 않았던 탓에 결국 대충 훑고 미
술관 밖으로 나오고야 말았다. 다음을 기약하는 수밖에.

　저녁이 되어 독일 뮌헨으로 가는 티켓을 끊기 위해 기차역에 들렀다
가 거기서 큰 충격을 받았다. 수많은 인파에 놀란 것도 있었지만, 기차역
에 노숙을 하는 사람들이 너무 많아서였다. 하지만 그들은 노숙인이 아
니라 난민들이었다.

　당시 유럽은 시리아와 중동에서 몰려든 난민들로 몸살을 앓고 있었다.
여기다 터키해변에서 숨진 채 발견된 시리아의 꼬마 아일린 이야기가 알
려지며 독일은 더블린 조약[20]을 깨고 난민들을 무제한으로 수용하기로 결
정한다. 오스트리아와 헝가리가 공조하여 수많은 난민을 독일로 이동시
키는 과정에서 빈의 기차역에 난민캠프를 차린 사람들이 먹고 자고 생활
하고 있던 것이었다. 뉴스에서만 보고 들었던 난민들의 실상을 눈으로 직
접 확인하고 나니 어쩐지 씁쓸해졌다.

---

20. 난민은 처음 도착한 국가에서만 망명신청을 할 수 있다는 내용의 조약.

오스트리아의 가우디, 훈데르트바서를 만나다

9월인데도 공기가 찼던 오스트리아 빈. 뜨거운 사막을 다녀온 뒤라 그런지 아무리 껴입어도 추위가 뚫고 들어와 어찌할 바를 몰랐다. 사막에서 터번으로 쓰던 머플러는 오스트리아에서 더욱 빛을 발했다. 영하도 아닌 기온에 힘들어 하는 내가 어딘가 초라하게 느껴졌다. 한국의 시베리아 한파도 견뎠는데.

나에게 오스트리아는 클림트와 에곤 쉴레의 나라이기도 하지만 내가 정말 좋아하는 한 아티스트가 나고 자라서 묻힌 곳이기도 했다. 바로 '훈데르트바서Hundertwasser'이다. 그는 건축가로 유명하지만 평화주의 사회운동가였으며, 끊임없이 그림을 그린 화가이기도 했다. 언젠가 오스트리아에 간다면 꼭 그가 남긴 건축물들을 보고 싶었는데, 그 염원이 이루어지는 날이었다. 빈의 메트로를 타고 그를 만나러 갔다.

훈데르트바서의 스케치, 습작, 건축 모형과 작품들은 '쿤스트하우스 빈Kunst Haus Wein'에 전시돼 있다. 이곳도 그가 디자인한 건축물로 현재 훈데르트바서 미술관으로 사용하고 있어 그의 세계관을 가장 잘 들여다볼 수 있는 공간 중 하나다. 역시나 멀리서부터 그만의 터치가 느껴진다. 알록달록하고 아기자기한 컬러와 디테일, 타일을 오려 붙인 듯한 패턴, 딱딱한 직선을 배제하고 최대한 곡선을 활용한 공간들. 그가 오스트리아의 '가우디'로 불리는 것도 어느 정도 이해가 됐다.

낮이 되니 추위가 가셔 걷기에 좋은 기온이었다. 날은 흐렸지만 기분 좋게 도나우 강변을 걷다 도심 골목을 배회하며 재미있어 보이는 가게를 구경했다. 그러는 사이 훈데르트바서 하우스를 알리는 아치형의 문을 만났다. 도로 한복판에 세워져 있어 마치 '놀라지 마, 이제 곧 네가 지금까지 못 느껴 본 특이한 것이 나타날거야'라고 경고해 주는 것 같았다. 그도 그럴 것이 훈데르트바서 하우스 주변 길바닥은 언덕처럼 솟았다가 꺼지기도 하고, 나무가 건물 창밖으로 튀어나오기도 했다. 창문은 모두 제각각 다른 패턴과 색이 칠해져 있어서 그 범상치 않은 모습에 눈길이 갔다. 특히 건물 창밖으로 튀어나오는 나무들은 '나무세입자'라는 훈데르트바서의 또 다른 철학을 엿볼 수 있게 했다.

훈데르트바서는 누구나 자신의 거주지 창문을 각자의 개성을 살려 꾸밀 수 있어야 한다는 '창문의 권리'를 주장했다. 그래서 그의 건축물에는 똑같은 창문으로 디자인된 곳이 없다.

창문을 뚫고 나오는 나무들로 자연과 인간의 공존을 모색했던 훈데르트바서.

훈데르트바서 하우스는 현재 비엔나 시에서 운영하는 임대주택으로 사람들이 살고 있어서 그 내부를 들여다볼 수는 없었다. 훈데르트바서 건축물을 보기 위해 찾아온 관광객들이 간혹 주민이 들어가는 틈을 포착해 내부 사진을 찍거나 몰래 따라 들어가기도 한다고 한다. 그런 몰지각한 행동에도 관광객들의 출입이나 촬영을 금지한다는 경고문 혹은 펜스 따위 보이지 않았다.

생각해보자. 내가 사는 집 주변이 늘 인산인해를 이루고 심지어 안을 들여다보고 싶어하는 사람들이 매일 나의 뒤를 노린다면? 하지만 그럼에도 불구하고 공존하는 것에 익숙해지기로 한 이유는 전세계 관광객들을 빈의 매력에 빠져들게 하는 이곳에 대한 오스트리아 시민들의 애정 때문일까. 그들의 의연한 태도에 나는 놀라움이 가시질 않았다.

이렇게 자체적으로 훈데르트바서 투어를 하고 보니 하루가 훌쩍 지나 갔다. 오스트리아에서 블루마우Blumau라는 훈데르트바서 평생의 건축 철학을 집대성한 온천 마을을 못 가본 것을 제외하고는 더 이상의 원이 없다 싶을 정도로 만족스러웠다.

다시 숙소로 가는 길. 오스트리아의 철도국에서 메시지가 와있었다. 다음 날 예약되어 있던 뮌헨으로 출발하는 역이 바뀌었다는 내용이었다. 나는 이게 무슨 소리인가 싶어 기차역에 들러 직접 역무원에게 물어보았다. 그는 현재 쏟아져 나오는 난민 행렬로 기차역이 마비되어서 바뀐 기차역에서 입석으로 가야 한다는 것이었다. 분명 내 좌석이 있는 기차표였는데…? 따지고 싶은 마음이 치밀었지만 그럴 만한 상황으로 보이지 않았다. 오스트리아 빈에서 독일의 뮌헨까지는 기차로 5시간이 넘게 걸렸다. 무려 5시간이나 기차 안에서 배회할 것을 생각하니 머리가 지끈거려오는 것 같았다. 하지만 어쩔 수 없었다. 이것도 여행의 일부인 걸.

뮌헨에 갈 수 있음에 감사하기로 마음을 바꿨다. 일단 내일의 일은 그때 걱정하기로 하고 서둘러 잠자리에 들었다.

난민 행렬에서 축제 대열까지

뮌헨으로 가는 열차에 올랐다. 전날 역무원이 예고한 대로 만석의 기차에는 자리가 없었다. 순간 과거의 일이 한 가지 생각나 빠르게 앞쪽 칸으로 이동했다. 이내 자리에 앉을 수 있었다. 바로 식당칸이었다. 스위스 베른에서 만난 쥴리아가 가르쳐준 꿀팁을 이렇게 바로 써먹게 되다니 흡족했다. 식당칸에는 사람이 적은 편이었지만 빈 테이블은 많지 않았다. 나는 잽싸게 4인용 테이블 의자에 앉아 커피 한 잔을 주문했다. 처음 2~30분 정도는 여유롭게 보낼 수 있었는데, 언젠가부터 기차 안을 떠도는 사람들이 급격히 늘어났다. 바로 뮌헨으로 향하는 난민들이었다.

내가 있던 식당칸도 한차례 문이 열리더니 순식간에 사람들이 몰려와 자리를 차지하고 앉았다. 테이블이 금세 차자 이미 누군가 앉아있는 테이블에 합석을 하기 시작했다. 내가 앉아있던 4인 테이블에는 6명이 끼어 앉은 꼴이 되었으며 벤치형 의자라 가능한 일 자리가 없어 바닥에 앉아있는 사람들도 있었다. 이쯤 되니 입석 티켓이 있다 한들 서있을 공간은 있을까 싶을 정도로 사람들로 가득했다. 그들은 아무도 차 한 잔, 빵 한 조각 시키지 않았고 그대로 아무 말 없이 이동했다. 어느 순간부터는 웨이터도 나와보지 않는 것 같았다. 그렇게 난민 행렬에 끼어 뮌헨으로 향했다.

나는 기차가 움직이는 내내 그들이 신경이 쓰였다. 같은 지구상에 사는 누군가가 평생에 걸쳐서 살아왔던 곳을 목숨 걸고 탈출해야 했다. 그 사람들이 같은 공간에 수십 명, 식당칸 밖엔 수백 명이 더 있었고 그들과 기차로 이동하는 그 순간에도 또 다른 이들이 자신의 나라를 버리고 떠나오고 있었다. 어쩌면 이곳에 있는 사람들은 목숨 건 탈출과 긴 여정 끝에 독일 땅을 밟는, 난민들 중에서는 가장 이상적인 결과를 얻게 된 사람들이었다. 하지만 얼굴에는 아무런 희망이나 기대감이 보이지 않았다. 그렇다고 침울하지도 않았다. 그저 개개인의 존재감은 지워진 채 오직 엄청난 수의 물리적 존재로만 조용히 그곳에 존재할 따름이었다.

뮌헨으로 가는 기차 안에서는 평소라면 그렇게 잘 오던 잠도 오지 않았다. 오스트리아의 기차역도 이미 이들로 인산인해를 이루고 있었는데, 뮌헨은 어떨지 상상이 되지 않았다. 기차역을 무사히 빠져나갈 수는 있을까?

그렇게 생각하는 사이 기차가 뮌헨에 도착했다. 사람들의 움직임이 바빠졌다. 나도 끝도 없이 긴 행렬에 섞여 기차역에 내릴 수 있었다. 플랫폼을 빠져나오자 의외의 광경이 펼쳐졌다. 이곳은 그야말로 축제의 장이었다. 옥토버페스트Oktoberfest[21]로 분위기가 한껏 들떠 있었고 독일 전통 의상을 입고 돌아다니는 사람들로 테마파크인지 기차역인지 분간하기 힘든 지경이었다.

좀 전의 그 많던 난민들은 어디로 갔을까. 누군가의 인솔에 따라 이곳에 정착하기 위한 절차를 밟으러 갔을 터였다. 그렇게 믿고 싶었다. 축제 분위기에 시선을 빼앗긴 사이 바로 옆에 있던 그들은 사라졌고 나도 어느새 난민 행렬에서 벗어나 축제의 대열에 합류해 있었다. 모든 게 정말 순식간에 벌어졌다.

---

21. 1810년에 시작된 세계 최대 맥주축제로 매년 9월 셋째 주 토요일부터 10월 첫째 주 일요일까지 열린다.

옥토버페스트 기간의 뮌헨 숙소 예약은 정말 하늘의 별 따기 수준이었다. 그것도 3개월 전의 상황이었다. 나는 당시 독일 여행을 계획하며 이틀 정도 뮌헨에서 옥토버페스트를 즐길 생각으로 숙소를 찾고 있었는데, 이미 만실인 곳이 대부분이고 정말 말도 안 되는 가격의 숙소만 남아있었다. 그나마 찾은 곳도 연이틀은 불가능해서 하루는 한인 민박을, 하루는 어느 호텔의 트윈룸을 예약해야 했다. 혹시나 하는 마음에 한인 민박도 2인을 예약해 두었다. 터무니없는 금액을 혼자 부담하기가 힘들기도 했고, 지구촌 최대 축제를 혼자 뻘쭘하게 구경만 하다 올 수는 없어서 동행을 구할 생각이었다. 축제기간에 갑자기 여행 오게 된 사람들이 급하게 동행과 숙소를 찾을 게 자명했기 때문이다. 나는 5월부터 찾아보기 시작했지만, 8월이나 9월에 숙소를 알아보는 사람도 충분히 있을 법한 일이었다.

실제로 많은 여행객들이 숙소를 구하지 못해 옥토버페스트 기간 동안 다른 도시에 머물며 기차를 타고 매일 밤 뮌헨으로 온다는 마당에 뮌헨에 숙소를 구하고 나자 비싼 값은 치러야 했지만 천군만마를 얻은 것 같이 든든했다. 그리고 모로코로 출발하기 전부터 나는 유럽 배낭여행 카페에 동행을 구한다는 글을 올렸고 배낭여행을 준비하는 한 대학생에게 연락이 왔다.

뮌헨의 한인 민박집에서 그녀와 만나기로 했다. 나보다 하루 먼저 뮌헨에 도착했던 그녀는 전날 이미 옥토버페스트에 다녀왔다고 했다. 그래서인지 숙취로 만신창이가 된 모습으로 나타난 그녀는 일단 좀 해장을 해야겠다며 민박집 사장님께 구매한 꼬마 신라면을 순식간에 해치운 후 침대에 쓰러졌다.

도대체 간밤에 무슨 일이 있었던 거냐 물었다. 물론 뻔한 질문이었다. 옥토버페스트에서 맥주를 진탕 마시고 뻗는 이야기. 그런데 한 가지 흥미로운 것이 있었다. 바로 옥토버페스트에서 술을 마시고 취해서 구토하고 있는 사람이 있으면, 구급대원들이 바로 출동해서 취객을 데려간다는 것이었다. 그녀도 간밤에 술에 취해 길거리에 앉아있었더니 지나가는 사람의 신고로 구급대원이 들것을 들고 나타나 양호실 같은 데서 수액을 맞았다고 했다. 다행히도 빠르게 회복한 그녀는 알코올 중독의 기미는 없어 그길로 숙소로 돌아갔지만 극심한 숙취의 여파가 지금까지 이어지고 있었다.

나는 여기서 또 궁금증이 생겼다. 아무리 맥주축제라지만 얼마나 마셨길래 그렇게 극심한 숙취에 시달리게 된 걸까? 비밀은 바로 축제기간 판매하는 맥주의 알코올 함량 지수에 있었다. 평소 우리가 마시는 맥주가 4~5%의 알코올 함량이라면, 축제기간엔 5.8~8%의 높은 도수의 맥주가 판매된다. 게다가 350cc나 500cc 잔은 그곳에 존재하지도 않는다. 두 손으로 들고 다녀야 하는 1,000cc의 거대한 잔에 맥주를 판매한다. 그러니 평소의 주량만 믿고 흥에 겨워 마시다가 극심한 숙취를 호소하는 사람들이 속출하는 것이었다.

일단 그녀는 저녁까지는 컨디션 회복을 위해 잠을 자겠다고 했다. 그사이 나는 먼저 나와서 다른 일행들을 만났다. 다른 일행들이 있었어? 그렇다. 나의 대학생 동행자가 옥토버페스트를 준비하며 다른 여행자들과 소통하기 위해 만든 단톡방에 나도 얼떨결에 흘러 들어가게 됐던 것이다. 그리고 우리는 뮌헨에서 만나 함께 옥토버페스트를 가기로 한 상태였다. 그중 먼저 만난 건 동갑내기 '성호'였다.

유럽스럽다는 게 뭐야?

　뮌헨의 구시가지는 기대했던 것 이상으로 아기자기하고 예뻐서 지금까지 독일 여행에 오지 않은 게 잠시 후회가 될 정도였다. 의외로 한국사람들은 프랑스 파리가 아니라 체코의 프라하를 유럽스럽다고 느낀다더니 어떤 의미인지 알 것 같았다. 뮌헨의 건물과 거리 풍경 그리고 전통 의상을 입고 돌아다니는 옥토버페스트 축제까지 어우러져 내가 생각했던 유럽스러움의 정점을 찍고 있었다.

　그런데 우리가 생각하는 이 '유럽스러움'이라는 것은 어디서 온 것일까. 어린 시절 읽었던 동화? 디즈니 애니메이션? 영화나 드라마? 왜 유럽스러움이 체코의 프라하에 있으면 의외이고, 프랑스 파리에는 당연하다고 생각하게 된 걸까. 이미 그때도 나는 세계의 많은 곳을 둘러보았고, 특히 유럽의 한 도시에 거점을 두고 주변 국가와 도시를 여행 다니면서 유럽이 내가 교육받고 자란 것처럼 천편일률적이지 않다는 사실도 두 눈으로 보았는데 말이다. 서구사회라고 기독교만이 유일 종교가 아니었고 종교도 문화도 생김새도 저마다 조금씩 달랐다. 그렇게 우리가 대명사처럼 사용하는 '유럽스러움'이 특정 나라와 지역의 문화를 대변할 수 없는 구체적이지 않은 표현이란 걸 경험했으면서도 독일에 와서는 또 '와, 여기 정말 유럽스럽다!' 하고 있는 스스로를 보며 주입된 사고의 무서움을 느꼈다.

그럼에도 불구하고 뮌헨은 예뻤고, 들뜬 축제 분위기에 함께 덩달아 들뜨기 좋았다. 숙취로 고생 중인 나의 동행자가 쉬는 동안 또 다른 동행자 성호와 먼저 만나기로 했다. 그는 한국에서 온 직장인이었다. 추석을 끼고 긴 휴가를 내서 왔다고 했다. 동갑인 걸 안 후부터는 처음의 어색함도 금세 사라졌다. 우리는 옥토버페스트에 가기 전 구시가지를 구경하다가 한 술집에 들어가 슈바인학센Schweinshaxe²²에 맥주를 마시는 또 다른 유럽스러운?? 아, 아니다. 게르만족스러운 시간을 보냈다.

참새가 방앗간을 지나칠 리 없듯이 관광객, 현지인 구분할 수 없을 정도로 술집에는 맥주축제를 즐기러 온 사람들로 가득했다. 다들 축제모드에 맞춰 친화력 레벨을 상향시킨 것 같았다. 옆 테이블에 앉은 사람과 대화를 하다가 옥토버페스트를 즐기러 뮌헨까지 왔다고 하면, 그때부터 다들 "나도, 나도." 하면서 건배를 하기 시작했다. 술집은 이미 만석이라 우리가 앉아있는 테이블에 합석을 요청하는 사람들도 있었다. 그들과 어울려 술을 마시고 다양한 국적의 사람들이 우리 테이블을 오가는 사이 시간이 빠르게 흘러갔다. 하지만 여기서 옥토버페스트를 다 보낼 수는 없었다. 우리는 다른 일행들을 만나러 진짜 맥주축제가 벌어지고 있는 현장을 향해 출발했다.

나의 동행자 선영도 어느새 전날의 숙취를 회복하고 옥토버페스트로 오고 있었다. 한인 민박에서 알게 된 다른 한국인들과 함께. 순식간에 함께하게 된 사람이 늘어났다. 성호의 친구도 저녁에 조인하기로 해서 오늘밤이 지나면 이 그룹이 도대체 몇 명이나 돼 있을지 상상이 가지 않았다.

---

21. 바이에른(Bayern)주에서 즐겨 먹는 독일의 전통 돼지고기 요리.

옥토버페스트는 일단 독일의 대형 맥주 브랜드들이 회사 이름을 걸고 천막을 설치한다. 캠프를 차려 놓고 축제기간 동안 맥주를 판매하는 것이다. 천막은 수백 명을 수용할 수 있는 거대한 규모를 자랑했지만, 한국에서도 떼를 지어 찾아올 정도인데 세계 각지에서 온 관광객들로 금세 자리가 찼다. 천막 내부 디자인이 예쁠수록, 맥주 브랜드의 이름이 유명하면 유명할수록 인파로 가득했다. 천막 주변은 테마파크처럼 놀이기구가 있는가 하면 추로스, 소시지, 핫도그 등을 파는 가게들이 곳곳에 있었다.

한껏 들뜨고 흥분된 축제 분위기 속에서 우리도 한 독일 대표 맥주 브랜드의 천막 안으로 들어섰다. 운동 경기라도 관람하는 듯한 함성이 터져 나오고 있었다. 사람들이 내는 일시적인 함성 소리가 아니라 천막 안의 디폴트 값이었다. 수백 명의 말소리가 한꺼번에 울려서인 것 같았다. 옆 사람과 대화하려면 귀에다 대고 이야기를 해야 했다.

천막 안에는 10명으로 불어난 일행이 한번에 앉을 수 있는 자리가 없었다. 우리는 몇 명씩 나뉘어 각자도생하기로 했다. 무거운 1,000cc잔을 들고 다니며 빈자리를 찾아다녔지만 좀처럼 자리가 나지 않았고 사람들의 흥을 도저히 따라잡을 수가 없어서 천막 안 구석에 서서 일단 맥주를 마시며 관람을 해보기로 했다. 중간중간 음악이 나오면 사람들이 춤을 추기 시작했다. 오늘 이곳에서 적응이란 걸 할 수 있을까 슬슬 걱정이 들 때쯤 선영에게서 자리를 발견했다는 연락이 왔다.

선영이 어렵사리 얻은 테이블 덕에 그때부터 축제를 제대로 즐길 수 있었던 것 같다. 역시 무어라도 하려면 있을 장소부터 마련하는 게 정답이었다.

뒤늦게 성호의 친구가 조인했고, 전통 의상을 입은 독일 커플이 취기에 합석하면서 분위기는 점점 무르익어 갔다. 어느새 천막 안에 처음 들어올 때의 시끌벅적한 함성 소리에 우리의 목소리도 녹아 들어갔다. 적당히 술기운이 올랐을 때 우리는 다음 날을 위해 너무 무리하지 않기로 하고 자정 즈음 숙소로 돌아가기로 했다.

우리와 함께는 아니었지만 다들 축제 현장에 있었던 터라, 그날 한인 민박집에서 취하지 않은 사람은 민박집 사장님의 초등학생 아들 정도인 것 같았다. 이렇게 매년 한 달씩을 취한 상태로 보내는 이 도시가 흥미로웠다. 안타깝게도 지금은 코로나로 2년간 옥토버페스트가 취소되었다고 한다. 그 흥 많은 사람들은 다 어디서 무얼하고 있을까…. 다시 옥토버페스트가 열렸을 때 얼마나 흥에 넘치는 모습을 보여줄지 궁금해진다.

선들이 모이는 곳에 점이 생긴다

독일 뮌헨에서의 두 번째 날이 밝았다. 나와 선영은 피곤함을 꾸역꾸역 밀어넣고 아침부터 한민 민박을 떠나 새로운 호텔로 갔다. 2층 침대들로 꽉 채운 도미토리룸에 있다가 잘 정리된 침대 2개가 놓인 방을 보니 숨통이 조금 트이는 것 같았다. 대신 여행객들이 부지런히 움직이고 대화하는 활기참은 사라졌지만. 우리는 느지막이 아침을 먹고 성호와 그의 친구 재훈에게 연락을 해보았다. 난 그들이 렌터카를 빌려서 여행을 다니고 있다는 걸 알고 있었다. 후훗.

"성호야, 오늘 너네 어디 갈 거야?"

"일어났어? 피곤해 죽겠다. 오늘 여기 근교에 노이슈반슈타인 성? 거기 다녀오려고."

"거기… 디즈니 성 모델이라는 곳 아냐?"

"오… 레나 알고 있었네? 어. 거기 맞아."

"야…"

"응?"

"우리도 데려가 줘."

그렇게 반강제로 호텔 위치를 찍어 주었다. 그러자 성호와 재훈은 정말 우리를 데리러 와주었다. 덕분에 갑자기 기대하지 않았던 독일 근교 여행이 시작되었다. 뮌헨에서 퓌센Fussen까지는 차로도 2시간가량 걸렸다. 전날 맥주축제의 여파로 그러면 안 되었음에도, 선영과 나는 뒷좌석에서 혼곤한 잠에 곯아떨어졌다. 그러다 눈을 떴을 땐 산으로 둘러싸인 고속도로를 지나고 있었고, 그다음 눈을 떴을 땐 목가적인 풍경이 차창 밖에 펼쳐지고 있었다. 이어서 탁 트인 벌판 끝에 산이 나왔다.

우리는 목적지인 노이슈반슈타인 성Neuschwanstein 주차장에 차를 세우고 입장권을 샀다. 성은 산기슭에 위치해 있어 등산하듯 오르막길을 걸어 올라가야 했다. 아니면 마차나 셔틀버스로 가는 방법이 있었다. 우린 유료 셔틀버스를 이용해 성 입구까지 갔다. 주말이라 그런지 사람이 많아서 버스에서 내려서부터는 거의 줄을 서서 다녀야 했다. 사진 한 장 찍으려 해도 누군가의 얼굴이 무조건 앵글에 잡히는 식이었다. 성안을 구경할 생각은 또 딱히 없어서 우리는 성 외관만 보고 나오는 티켓만 구매했다.

노이슈반슈타인 성을 제대로 보기 위해선 마리엔 다리Marienbrucke라는 산과 산을 잇는 아치형 다리를 건너야 하는데, 깎아지른 듯한 절벽 사이에 놓인 좁고 긴 다리가 아슬아슬하기 그지없어 보였다. 뷰가 훌륭해서 노이슈반슈타인 성을 볼 수 있는 가장 좋은 명당으로 꼽히는 곳이었다. 하지만 보수 작업으로 문이 닫혀있었다. 한겨울에 눈이 많이 올 경우 폐쇄시킨다는 이야기는 들었지만 아직 가을이었는데. 안타까운 마음이 들었지만 이렇게 못 보는 곳이 생기면 언젠가 또 오게 된다는 걸 나는 알고 있었다. 이탈리아의 나폴리가 그랬고, 프랑스의 베르사유궁전이 그랬다.

노이슈반슈타인 성 맞은
편의 호엔슈방가우 성
Hohenchwangau.

마리엔 다리는 가지 못했지만 성 위에서 바라보는 흐린 날씨 속 안개
낀 알프제Alpsee 호수는 비 온 뒤 수분을 잔뜩 머금은 울창한 숲과 나무들
이 어우러져 환상적인 동화 속에 들어와 있는 듯했다. 그곳에서 숨을 들
이쉬고 있으니 숙취가 사라져 가는 것 같았다. 돌아가는 길은 셔틀버스
대신 숲 사이로 난 도로를 따라 걸어 내려갔다. 처음 왔던 주차장 입구에
서 넷은 아이스크림을 하나씩 입에 문 채로 벤치에 앉아 다음 일정을 준
비했다. 뮌헨으로 돌아가면 곧 옥토버페스트 2차전이 기다리고 있었다.

전날 옥토버페스트를 한차례 경험한 터라 이번에는 천막 안에 들어가
지 않고 야외 테이블에서 즐기기로 했다. 때마침 두 자리가 비좁게 비어
있는 걸 본 누군가가 우리 테이블에 합석했다. 뮌헨에 온 이후로 합석이
너무 흔해서 나중에는 이게 허락받을 일인가 싶을 지경이 되었다. 옥토버
페스트는 온갖 일탈과 약간의 무례함이 허락되는 기간이었다.

합석한 두 사람은 프랑스 출신 알렉시Alexis와 이집트 출신인 디디Didi였
다. 갑자기 이들이 끼고 나자 테이블에 흥이 넘쳤는데 이 주체 못할 흥은
옥토버페스트의 놀이기구를 타러 가는 것으로 이어졌다. 하늘 위의 회전
목마 같은 놀이기구였다. 나는 약간의 고소공포증이 있어 밑에서 기다리
겠다고 했다가 사람들의 설득에 못 이겨 결국 벨트 하나에 의지해 공중에
몸을 맡기게 됐다. 2명씩 앉는 내 옆 자리에 어느 순간 알렉시가 앉아있

었는데, 하늘 위로 올라는 순간 생각보다 무서워 아래를 볼 수가 없었다. 눈을 질끈 감고 있자 그런 내 손을 알렉시가 말없이 잡아 주었다. 놀이기구가 다시 땅으로 내려올 때까지. 그리고는 언제 그랬냐는 듯 다시 장난기 많은 사람으로 돌아간 그였다.

밤새 끝나지 않을 것 같은 옥토버페스트 현장은 의외로 자정 전에 폐장한다. 우리는 이대로 끝내는 게 아쉬워 외부 술집에서 몇 잔을 더 하고 나서야 작별인사를 했다. 분명 이틀 전까지만 해도 존재조차 모르던 사람들이었는데 이렇게 헤어지는 게 아쉬울 수 있는 건지…. 나는 다음 날 스페인으로 돌아가야 했다. 모로코에서 시작된 2주간의 여정이 끝나가고 있었다. 성호는 독일을 더 여행할 예정이었고, 재훈은 프랑스로 돌아가 출근해야 한다고 했다. 대학생 선영은 배낭여행을 이어 나가기 위해 오스트리아로 향한다고 했다. 알렉시는 자전거로 체코에서부터 프랑스까지 유럽횡단 중이었는데, 당시 독일은 절반 정도 왔던 셈이었다. 계속해서 자전거 여행에 나선다고 했다. 언젠가는 프랑스의 집에 다다를 것이라며. 뮌헨에서 일하고 있는 디디만이 유일하게 그곳에 남는 1인이었다.

여행의 시작도 가는 방향도 모두 달랐던 우리. 그런 우리가 맥주를 마시고 노는 아주 흔한 주말 일상을 '축제'란 이름으로 대놓고 크게 벌려 놓은 뮌헨에서 만났다. 각자 걸어가던 여정의 한 접점이었던 곳. 어쩌면 방향이 서로 다른 사람들을 만나게 하고 함께 어울리며 즐기게 하는 것이 축제의 원래 목적이 아닐까 하는 생각이 머릿속을 스쳐지나갔다.

그렇게 각자 만들어내는 선들이 모여 하나의 점이 생겨났다.
이런 점들이 계속 모여 또 다른 선이 만들어지기를!

드디어 내 짐이 사라졌다!

2주간의 여행이 끝나고 집으로 가는 길. 새벽같이 일어나 공항으로 향했다. 살짝 마음이 뒤숭숭했다. 이제 스페인 생활도 2주를 남겨두고 있었다. '여행은 원 없이 했네'라고 생각하면서 동시에 아직 만족스럽지 못한 듯, 다음 여정을 생각하고 있었다. 비행기에 오른 뒤는 말할 것도 없이 기절 상태. 독일에서 출발한 비행기는 스페인의 마요르카를 경유하고 있었다. 살면서 존재하는 줄도 몰랐던 섬을 두 번이나 오게 되다니. 휴양지에서 공항에만 머물다 가는 게 어색했지만 이제 여행은 마무리해야 할 때였다. 그리고 몇 시간 후 드디어 발렌시아에 도착했다.

와. 집이다.

집에 도착하려면 메트로에 내려서도 20분은 걸어야 하는데도 마음은 벌써 다 온 것 같았다. 어서 내 방 침대에 피곤한 몸뚱이를 뉘이고 싶었다. 그런데 아무리 기다려도 뮌헨에서 맡긴 짐이 나오지 않았다. 그 비행기를 탄 승객들 모두가 짐을 찾아서 공항을 빠져나갈 때까지 쭈뼛쭈뼛 1시간을 서있었다. 나처럼 짐을 찾지 못한 사람들이 7~8명은 됐다. 그중 한 사람이 공항 직원에게 짐이 도착하지 않았다고 얘기하자, 직원은 시계와 비행기 도착 시간을 번갈아 보더니 분실 수화물 창구에 가서 이야기하라고 했다. 몇몇 사람들은 직원의 무심한 태도에 화가 난 것 같았지만 별 수 없었다. 그 직원을 붙들고 하소연한들 도착하지 않은 짐을 찾을 순 없으니까.

분실 수화물 창구로 갔다. 그곳의 직원은 하루에도 이런 일을 겪은 수십 명 아니 수백 명의 사람을 상대하다 보니 침착하게 줄을 세우고 한 명씩 서류를 작성하게 했다. 서류에는 나의 정보 그리고 내가 탑승했던 비행기의 정보, 마지막으로 내가 잃어버린 짐을 최대한 규격화해서 체크하도록 되어 있었다. 최악의 경우 짐이 돌아오지 않을 때 항공사에서 분실 보상을 해주기 위함인 것 같았다.

2주간의 여행 끝에 빈 손으로 크로스 가방 하나 덜렁 메고 집으로 돌아오는 내 모습이 어딘가 웃겼다. 사실 난 속이 좀 후련했다. 아무리 짐이 거추장스러웠대도 이탈리아에서 2주, 모로코와 독일을 넘나드는 2주간 내 여행을 서포트해준 고마운 존재였다. 하지만 이상하게도 내 주변에 스페인과 이탈리아에 있으면서 짐을 분실한 사람들이 그렇게 많았는데 내 짐이 항상 내 손에 잘 붙어있는 게 나는 내심 조금 신기했다. 아이와 케이코도 스페인에서 이탈리아로 건너간 뒤 수화물이 없어져서 남은 여행 내내 짐 없이 생활하며 마음을 졸이다 귀국하기 전날에야 간신히 찾을 수 있었다.

시모나도 유럽 내에서 여행 다닐 때는 항상 짐을 조심하라고 입버릇처럼 잔소리하곤 했다. 실제로 스페인과 이탈리아 여행담에서 빠지지 않고 등장하는 소재가 바로 수화물 분실이 아니었던가. 이런 사건 사고가 수집의 대상이 아닌 걸 알면서도, 어째서 여행을 그렇게 다니는 동안 내게는 한 번도 그런 일어나지 않는 것인지 남들이 다 겪은 경험을 나만 아직 겪지 못한 것만 같은 기분이 들기도 했다.

그런데 정말 짐이 사라진 것이었다.

사실 지금까지 내가 짐을 잃어버리지 않았던 이유는 그동안 저가 항공을 주로 이용하고, 짐을 부칠 경우 추가 운임이 상당해서 대부분 기내 수화물로 들고 탔기 때문이었다. 그런데 독일에서 스페인으로 돌아오는 비행기는 평소 타던 저가 항공사가 아닌 독일의 어느 항공사였다. 나는 일 처리 면에서 독일인들의 정확함을 믿기도 했고, 결정적으로 추가 요금이 없었다! 그래서 집으로 가는 마지막 길은 좀 편하게 가고 싶어서 짐을 맡겼던 것인데, 독일 항공사는 마요르카에서 경유하는 사이 스페인 항공사 비행기로 바뀌어 있었다. 그리고 짐은 여지없이 제때 실리지 못한 채 스페인 어딘가를 부유하게 되어버린 것이다. 아마도 마요르카의 공항이 아닐까 싶었다.

집에 도착해 마르타와 토마사랑 재회했다. 집은 바뀐 게 없었다. 여행을 마치고 오면 빠르게 짐을 다시 정리하는 게 나의 여행 후 루틴인데 아무것도 없으니 할 게 없었다. 처음에는 짐을 잃어버렸지만 불편할 게 없다고 생각했다. 어차피 여행 때 사용했던 것들이고 내가 가진 것의 아주 일부일 뿐이니 괜찮을 거라고. 하지만 왜 여행에 들고 나섰겠는가? 내가 자주 쓰는 핵심 물품들이기 때문이라는 걸 나는 간과하고 있었다.

당시에 안경과 렌즈를 번갈아 착용하던 나는 안경이 사라진 뒤 집에서는 장님 생활을 면치 못하게 되었다. 그리고 다음 날 어학원을 등교하려는데 화장품이 없다는 사실을 깨달았다. 특히나 내 눈썹은 당시 반절이 날아가 있던 상태였는데, 빈 눈썹을 채울 것이 없어 어두운 색 아이 섀도 우로 채워 넣는 바람에 며칠간 짱구 눈썹을 하고 다녔다.

오랜만에 만나는 사람들의 '여행이 어땠냐'는 질문에는 모로코 사막과 독일의 맥주축제 후기와 함께 짧은 에필로그로 수화물 분실 이야기를 해주었다. 사람들은 여행 이야기에는 그다지 관심이 없고 짐을 잃어버린 것에는 크게 반응했다. 본인의 경험담이 나오기도 했고, 걱정스러운 눈빛으로 봐주는 사람도 있었다. 나는 별거 아니라며 언젠가 이 일이 생길 걸 알고 있었다는 사람처럼 굴었다.

며칠 뒤, 모르는 번호로 전화가 걸려왔다. 내 이름과 집주소를 확인하고는 10분 뒤 짐을 가지고 도착할 예정이니 집 앞에 나와 달라는 내용이었다. 나는 그길로 부리나케 4층이라 부르지만 사실은 5층인 계단을 뛰어내려갔다. 현관에 서있는데 검은 승합차 한 대가 서더니 내 이름을 재차 확인했다. 그러고는 기다리던 짐을 꺼내주고 빠르게 사라졌다.

친절하게 집까지 짐을 가져다주다니. 그간의 불편함은 어느새 잊은 채 스페인에서 기대하지 않았던 '도어 투 도어' 서비스를 받고 흐뭇하게 집으로 올라왔다. 드디어 집에 온 지 3일 만에 짐을 정리하는 순간이었다. 잃어버렸던 짐과 시력 그리고 눈썹을 되찾고 나니, 유예 기간처럼 집에서만 머물던 핑계가 사라졌다.

그리고 스페인에서의 반년살이도 끝을 향하고 있었다.

안녕, 발렌시아. 또 보자 페인아~

　여행을 마치고 돌아오니 스페인에서의 생활이 2주가 남았다. 나는 한국으로 돌아가기 전에 영국을 들리기로 했고 그것도 모자라 영국 뒤에는 어디로 갈지를 놓고 한참을 고민하고 있었다. 그 와중에 모로코에서 독일로 이어지는 급격한 기온차를 겪은 후 면역력은 엄청나게 떨어지고 물이 바뀐 탓인지 평생 없던 피부 트러블로 고통받고 있었다. 그럼에도 불구하고 나는 여행하는 것을 어떻게 멈춰야 할지 알지 못했다.

　왠지 마음은 계속 불안했다. 그런데 그 불안했던 마음이 어딘가 낯선 곳을 향하면 다시 안전하게 집에 돌아가기 위한 모드로 바뀌면서 불안하지 않았다. 사실 불안했지만 다른 차원의 불안함이었다. 고민 끝에 영국에서 모스크바에 갔다가 시베리아 횡단 열차를 타고 중국 베이징이나 몽골까지 가는 계획을 세웠다. 그리고 한국으로 돌아오는.

　그때, 좀처럼 연락이 없던 엄마에게서 연락이 왔다. 엄마는 내가 해외에 나가면 초반에 어떻게 지내는지 정도만 확인하고 그 뒤에는 연락을 잘하는 법이 없었다. 이제는 서로가 떨어져 있는데 익숙해져 있다고 생각했다. 그런데 갑자기 엄마의 입에서 아빠가 편찮으시니 가능한 한 빨리 돌아오라는 이야기가 나왔다. 너무 놀라 얼마나 위중한지 물었지만, 엄마는 위급상황은 아니지만 빨리 왔으면 좋겠다는 말만 반복했다. 그럼 영국에 가는 것도 취소하고 바로 한국에 가겠다고 하니 영국까지는 다녀오라는 말을 남기고 전화를 끊었다. 무엇이 엄마를 그렇게 불안하게 만들었는지 모르겠지만 내가 하루 빨리 돌아오길 바랐던 것만큼은 분명했다. 멀쩡한 아빠를 위급한 환자로 둔갑시킬 정도였으니.

결국 나는 엄마의 뜻대로 영국까지만 갔다가 돌아가기로 했다. 주야장천 설원을 달리는 시베리아 횡단 열차에서 혼자 창밖을 내다보며 '아빠가 괜찮으시려나…' 걱정하고 있을 게 안 봐도 뻔했기 때문이다. 그렇게 마음먹고 나니 한국으로 돌아갈 생각에 설레면서 동시에 남은 발렌시아에서의 시간이 점점 애틋해져만 갔다.

평소 예쁘던 나무만 보아도 더 이상 못 본다는 생각에 마음 끝이 아려오고, 매일같이 오르내리던 계단도 더 이상 힘들지 않았다. 그리고 떠나기 전에 가장 보고 싶은 사람들, 이 공허하고 애틋한 마음을 나누고 싶은 사람들이 이미 모두 각자의 나라로 돌아가 없다는 것이 너무나 아쉬웠다.

남은 2주간은 발렌시아에 남아있을 사람들과의 작별인사로 바쁜 나날을 보냈다. 분명 더 이상 아쉽게 인사할 사람이 많이 남아있지 않다고 생각했는데 꼭 그렇지만도 않았다. 특히 아쉬웠던 순간은 발렌시아 생활을 시작하면서 만난 케빈과 글래디스와 헤어질 때였다.

케빈과 글래디스는 부쩍 나를 저녁식사나 그들의 모임에 초대해 주었다. 시모나가 이탈리아로 돌아간 이후로 내가 쓸쓸하게 보내고 있을 거라 생각했던 것 같다. 반은 사실이고 반은 아니었지만, 어쨌든 그들의 배려를 받는 게 좋았다. 케빈과 글래디스도 평생을 이방인 아닌 이방인처럼 보냈을 터였다. 그리고 그들보다 더한 이방인이 나였을 것이다. 그렇기에 더욱 따뜻하게 나를 대해줬던 걸 생각하니 우리가 함께였던 시간들

이 그 어느 때보다 소중해졌다.

나는 떠나기 전 작별인사로 케빈과 글래디스를 저녁식사에 초대했다. 시모나와 함께 했던 저녁식사처럼 말이다. 더 이상 예전처럼 고생스럽지 않았다. 나도 이제 이런 이벤트에는 달인이 되어 있었고, 이들과 이렇게 보내는 시간이 앞으로 없을 수도 있다는 생각에 준비과정마저 특별하게 느껴졌다.

글래디스는 아프리카의 아기사자 인형을, 케빈은 콜롬비아의 대문호 가브리엘 가르시아 마르케스의 『예고된 죽음의 연대기』라는 소설책을 선물로 주었다. 각자 자기 나라를 대표하는 걸 주고 싶었다고 했다. 글래디스가 집으로 돌아가기 전 살짝 눈물을 보이는 바람에 그 모습에 나도 눈물이 나올 것 같았다. 아마 자주 볼 수는 없겠지만 우리는 또 만날 거라는 말을 건네며 작별인사를 했다.

그리고 내 발렌시아 생활에서 빼놓을 수 없는 한 명 로씨오. 그녀는 그 사이에 스페인 남자친구가 생겨서 먼저 귀국하게 되었음에도 안심이 되었다. 길에서 만난 사이가 어떻게 이리도 애틋해진 것인지 신기할 노릇이었다. 마당발이었던 로씨오는 2주간 우리가 함께 알고 있는 친구들과의 만남을 몇 번이나 만들어주며 송별회를 해주었다.

스페인을 떠나던 날. 로씨오가 공항까지 바래다주겠다며 집으로 오고 있었다. 그동안 마르타와 늘 담소를 나누던 테이블에 여느 때처럼 마주

앉아 이야기를 나눴다.

"레나, 한국으로 돌아가게 된 기분이 어때?"

"사실 난 여기에 더 있고 싶어."

"굉장히 놀라며 뭐? 그럼 더 있으면 되잖아!"

"그런데 비자도 이제 곧 끝날 거야."

"그런 거 그냥 무시해버려. 네가 할 수 있는 걸 해봐."

"그러다가 어느 날 추방당하면 아마 다시는 유럽에 오지 못할 거야."

"…레나, 스페인에는 파트너 비자라는 게 있어. 네가 내 파트너라고 하고 비자를 받을 수 있어."

"스페인은 동성 파트너도 인정해 줘????"

"그럼! 스페인은 동성 파트너도 인정해 준다고! 너랑 내가 파트너라고 속이고 비자를 받을 수 있다니까!"

"푸하하하하하하하하하."

나를 불법 체류자에 이어 동성애자로 파트너 비자를 받게 하려던 마르타는 내가 와하하 웃음이 터지자 본인도 말도 안 되는 소리를 했다 싶었는지 나를 따라 웃음을 터뜨렸다. 그녀다운 마지막 인사였다. 짐 정리를 마치고 마르타와 마지막으로 사진을 찍었다. 토마사와도 인사를 나누며 또 만나자고 약속했다.

"레나, 이 집은 너의 집이야. 그러니까 꼭 다시 발렌시아로 와."

---

23. 1238년 10월 9일 아라곤의 왕이 무슬림으로부터 영토를 되찾고 발렌시아에 입성한 것을 기념하는 날.

와. 7월에 마리나네 엄마가 해준 얘기를 이젠 마르타까지. 한국에도 없는 집이 해외에 두 채나 생겼다. 그저 고마울 따름이다.

이제 공항으로 향할 시간이었다. 손수 배웅해주겠다는 로씨오의 도움을 받아 엄청난 짐들을 챙겨 집 밖을 나오니 거리는 축제 분위기로 난리법석이었다. 바로 '발렌시아의 날[23]'이었다. 머리 위에는 만국기 같은 알록달록한 장식들이 걸려있었다. 이 축제를 즐기지 못하고 돌아가다니. 개탄스러웠다. 그래도 기억에 남는 마지막 날을 만들어준 발렌시아.

마지막까지 고마웠어.

Epilogue

"혼자 여행 다니면 무섭지 않아?"
"아니? 하나도 안 무서운데?"

초연한 표정으로 답했지만, 사실 심장은 쿵쾅거리고 있었다.
  몇 해 전, 이집트로 떠나기 불과 일주일 앞둔 내 모습이었다. 쫄보 중의 쫄보였던 나지만 쫄려도 나가고, 또 나가기를 반복하니 이제는 '일단 가면 뭐 어떻게 되겠지'라는 공식이 내 안에 성립되었다.

  짧은 여행도. 애매한 해외 한달살이도. 조금은 긴 반년살이도. 떠나기 전엔 쫄리기 마련이었다. 하지만 얼마나 멋진 일이 일어날지는 가보기 전에는 모르는 일이다. 물론 멋진 일이 일어나지 않는 순간이 더 많다. 처음 보는 사람에게 도움을 요청해야 할 때도 있고, 그럼에도 문전 박대를 당해야 할 때도 있으며, 난처한 상황에 처하는 일도 충분히 일어난다. 심지어 돌아오는 순간마저도 곤혹스러운 일을 마주해야 하거나, 돌아올 때까지도 그 여행의 의미가 무엇이었는지 모르는 경우가 태반이었다.

  떠나기 전은 또 어떤가. 직장생활에서 연차는 왜 그렇게 쓰기 힘든지.

혼자 가기 무서워서 혹은 좀 그래서, 아니면 외로울까 봐, 동행을 찾아보지만 이것도 녹록지 않다. 힘들게 조율해서 연차를 잡았지만 상대방도 마찬가지여서 날짜가 안 맞는 일이 비일비재하기 때문이다. 그럴 때는 또 '혼자라도 가야지' 하고 꾸역꾸역 짐을 싸 들고 떠났다.

세상의 많은 말들이 여행을 막는다. 그 돈으로 저축을 해라, 그럴 시간에 무얼 더 배워라, 위험하니 가지 마라, 혼자 왜 굳이 가야 하냐고도 한다. 그럼에도 계속 떠날 수 있었던 것은 새로운 무언가를 만날 수 있다는 기대 때문이었다. 내가 여행을 멈춘다면, 더 이상 여행을 통해서도 새로운 것과 마주할 수 없게 된 때가 아닐까 싶다. 그리고 그런 날은 쉽게 오지 않을 것이란 걸 안다.

자기계발 서적이나 어록에 자주 등장하는 명언이 하나 있다. 일본 경제학자 오마에 겐이치가 쓴 『난문쾌답』에 등장하는 문구이다.

그는 인간을 바꾸는 방법에 대해 다음과 같이 세 가지를 제시한다.

하나, 시간을 다르게 쓰는 것.
둘, 사는 곳을 옮기는 것.
셋, 새로운 사람을 만나는 것.

이 세 가지가 아니면 인간은 바뀌지 않는다.

나는 감히 이 글에 한 가지를 더 추가하고 싶다.

넷, 여행을 떠나는 것.

우리는 여행을 떠날 때마다 조금씩 바뀌어 있다. 그게 어떤 방식으로든지 말이다.

그러니 일단 떠나시기를!

한 달은 짧고 일 년은 길어서

2022년 5월 30일   초판 1쇄 발행

저자   레나
발행인   송재준
기획   한승희
책임편집   전나래
디자인/편집 최지혜

임프린트   에고의 바다
펴낸곳   복두출판사
             출판등록 | 1993년 11월 22일 제10-902호
             주소 | 서울 영등포구 경인로82길 3-4 807호(문래동, 센터플러스)
             전화번호 | 02-2164-2580 팩스 | 02-2164-2584
             이메일 | info@@bogdoo.co.kr
             홈페이지 | www.bogdoo.co.kr

ISBN 979-11-971798-1-5 03980

값 16,000원